富士山はどうしてそこにあるのか

地形から見る日本列島史

山崎晴雄 Yamazaki Haruo

NHK出版新書
584

はじめに

２０１８年（平成30年）の夏、自然災害が次々と日本列島を襲いました。６月の大阪北部地震から始まって、７月には西日本が集中豪雨に見舞われて多数の犠牲者・被災者を出し、８月は観測記録を次々と塗り替える全国的な猛暑で、熱中症による被害が多発しました。８〜９月には大型台風の本州上陸が相次ぎ、台風21号では関西国際空港が高潮で冠水、さらに船舶の衝突による同空港の連絡橋の破損などで大都市の交通網が大混乱に陥る都市型災害も発生しています。さらに追い打ちをかけるように北海道胆振《いぶり》地方で地震が発生し、地すべりや液状化の被害だけでなく、北海道の大部分の電力をまかなっていた火力発電所の被災で全道にブラックアウト（電力供給停止）が引き起こされました。これらの災害に見舞われた多くの方々に心よりお見舞い申し上げます。

さて、実はこれらの災害が起きた７〜９月、私はがんの検査と手術のために延べ40日以上入院していました。あまり動くことができなかったので、毎日テレビで災害の様子に注目していました。被害の現状はニュースだけでなくワイドショーでも大きく取り上げられ、災害の状況が明らかになってくると次第に専門家による解説も行われるようになりましたが、各局のいろいろな報道番組を見ているうちに気がついたことがありました。

それは、報道によって伝えられる災害の状況や現況が、細かなことの説明ばかりだということです。目先の出来事についてはかなり専門的な知識まで説明・解説されるのですが、その災害が発生した地域や自然の特徴（災害の背景といって良いものです）や、それらと災害の因果関係などにはあまり踏み込んでいないように感じました。

報道の第一義は起こったことを正確に詳しく伝えることですので、内容を絞り込むことは仕方のないことです。しかし、視聴者がそこから自分に役立つ一般的な知識や情報を引き出し、活用（判断）できるようにすることも災害報道の重要な役割ではないでしょうか。そのためには、災害の発生原因や地域の自然（土地）条件、つまり災害が引き起こされた背景や、災害を起こす自然の一般的なメカニズムについてもわかりやすく説明して欲しいのです。それらは、被害を受けなかった視聴者にとっても非常時に活用できる汎用的な知識や情報になります。すなわち、その知識があれば、自分の住んでいるところが本当に危険かどうかを自分で判断できるようになるのです。

最近の集中豪雨や台風などの際には、自治体が速やかに避難勧告や避難指示を出すようになりました。住民の安全確保にはとても良いことです。しかし、このような指示がピンポイントではなく広域や多数の人々に対して発せられた場合には少し話が違ってきます。

2018年7月の西日本豪雨の際、京都市では58万人以上に避難指示が出されました。短時間にこれらの人々が全員避難することは不可能です。したがって、住民一人一人が避難すべきか、あるいは家の中に留《とど》まるかの判断を迫られます。しかし、的確な判断は各人が住む地域の自然（土地）条件や、自然災害が起きる一般的なメカニズムを知っていないとできません。

これらは決して難しいことではありません。土地条件として知っておくべきこととは、その場所が高いところか低いところか、崖のそばか離れているところか、河川の近くか否か、災害のメカニズムとして知っておくべきこととしては高い崖は崩れる、水は低い方に流れて溜まる、河川はあふれるといった、極めて簡単なことです。ですが、それを知らないで誤った行動をとれば、被災して命を失いかねません。逆に、それぞれの場所の土地条件や自然災害の一般的な知識を持っていれば、的確な判断によって身を守ることができるのです。

「そんな当たり前のことは誰だって知っている、今頃何を言っているのか」と思われる読者の方もいることでしょう。そう思われる方は、日頃から自然や防災に対する意識が高いからそのように思うのではないでしょうか。現在の日本では若い人の理科離れが進んでいて、常識と思われるような簡単な自然のメカニズムさえあまり理解されていないようです。自然（土地）条件なんてなおさらです。特に地表をコンクリートや擁壁《ようへき》で完全に覆われた大都会では、自分の足下には何があるのか、それがどうやってできたのかを知っている人はほとんどいないかも知れません。あるいは、机上の知識はあっても実際の現場には当てはめられないかも知れません。

崖崩れ現場の災害報道を見ていても、レポーターは被害の様子については詳しく報告するものの、土地条件など周辺の状況の説明はほとんどありません。例えば、崖から崩れた土砂が下の水田に流入していたとしても、そこが平野の縁なのか、あるいは川の本流から枝別れした支流の谷壁なのか、河川からどのくらい離れているのか、崖の上には何があってどのような土地利用がされているか、などといった情報は、災害発生後かなり時間が経ってからしか報道されません。短い放送時間の中では伝えきれないのかも知れませんが、しかし、このような情報こそが、視聴者が災害と被災を自分の身に置き換えて考えるために極めて重要であり、緊急時の的確な判断に繋がります。私は一人でも多くの人に災害報道などから自然の簡単なメカニズムを理解していただき、自分の住んでいる場所の自然（土地）条件にも興味を持って欲しいのです。それが自然災害から命を守る有効な方法の一つだと思うからです。

私は1976年に大学院の修士課程を修了した後、研究所と大学で40年以上にわたって活断層を研究してきました。活断層については本文で詳しく説明しますが、この研究には土地の凹凸、つまり地形がどのようにして作られ、その後今日までどのように変化してきたのか、という「地形発達史」の解明が不可欠です。そして、地形発達史からは、我々が日ごろ目にしている地形は、通常の生活からは想像できない、大規模で、あるいは長期にわたる地球環境の変化と作用によって作られてきたことがわかってきています。地形発達史に興味を持っていただければ、教養としてだけでなく災害時の対応などにも役立つのではないかと思うのです。

目に見える現在の地形は、プレートテクトニクスから集中豪雨まで、目には見えない過去のいろいろな作用や変化によって形作られています。地形は主に「地殻変動」と「気候変化」によって形成されるのです。そうした観点から見ると、日本の特異な地形から、身近な日常の景色まで、それらを見る目が変わることでしょう。

4年ほど前に私は、本書と同じタイトルの出版物を刊行しました。NHKラジオ第2放送のカルチャーラジオ「科学と人間」で、3か月の間12回にわたって放送された『富士山はどうしてそこにあるのか――日本列島の成り立ち』のガイドブックです。これは富士山や関東平野、地震、リアス海岸など日本各地の身近な地形や地学的現象について、その形成過程や地球環境変化との関係の解明を通じて、日本列島の成り立ちを説明したものです。しかし、これはNHK出版からムック（放送の副読本）として刊行されたもので、放送終了後、品切れになってしまいました。手に入れられなかった方々からは再版を望む声があったのですが、出版物の性格上、それは叶《かな》いませんでした。

今回、NHK出版から新書の執筆を依頼されたのを機に、同じタイトルの本を出版することになりました。ただし、多くの方々に地球の長期にわたる環境変化や地形形成などの自然のメカニズムを知っていただきたいと思い、読みやすさと内容の充実を図って大幅な改訂や追加・削除を行っており、タイトルは同じですが元のガイドブックとは全く異なります。

この本は、自然災害の恐怖を強調するものではなく、防災のハウツーものでもありません。地球の歴史、環境変化の歴史、地形の形成過程などを、その背景であるプレートテクトニクスと関連させて説明するものです。これによって、地球温暖化などに伴いこれからますます増加するかも知れない自然災害に対して、読者の方々が的確な判断を下せるような知識を得ることができれば、それは著者の無上の喜びとするところです。

富士山はどうしてそこにあるのか——地形から見る日本列島史　目次

図版　手塚貴子
校閲　小森里美
DTP　㈱ノムラ

第1章
日本列島はなぜ弓形をしているのか

我々が住む日本列島は、東から南は太平洋に面し、北から西は日本海やオホーツク海などの小さな海を隔《へだ》ててユーラシア大陸の東の縁に並ぶ、大小の島々の連なりです。弓形に湾曲して連なっているので「弧状列島」、あるいは島弧と呼ばれています。花をひも（綵）で繋《つな》いでぶら下げた花綱《はなづな》のように見えるので、戦前は花綵《かさい》列島とも呼ばれていました。

このような弧状の連なりがどのように形成されたのかは、戦前から多くの研究者によって議論されてきました。地質学者の徳田貞一は1931年（昭和6年）に出版された岩波講座の中で、弧状列島が大陸側からの水平圧縮を受けて作られた可能性を、地すべりの実例や和紙に皺《しわ》を作る実験をもとに述べています。しかし、原因を含めて弧状列島の形成に答えが出たのは、1960年代末に地球表層（地殻）のさまざまな現象や運動を統一的に説明できる「プレートテクトニクス」の考え方が導入されてからです。

三つのプレート境界

まずはプレートテクトニクスについて触れておきましょう。地球の表面は大小10枚以上の硬い岩盤（プレート）に覆われています（図1－1）。プレートはモザイクタイルやジグソーパズルのように地表にぴったりはまっているように見えますが、実際には拡がったり

図1-1　世界のプレート分布

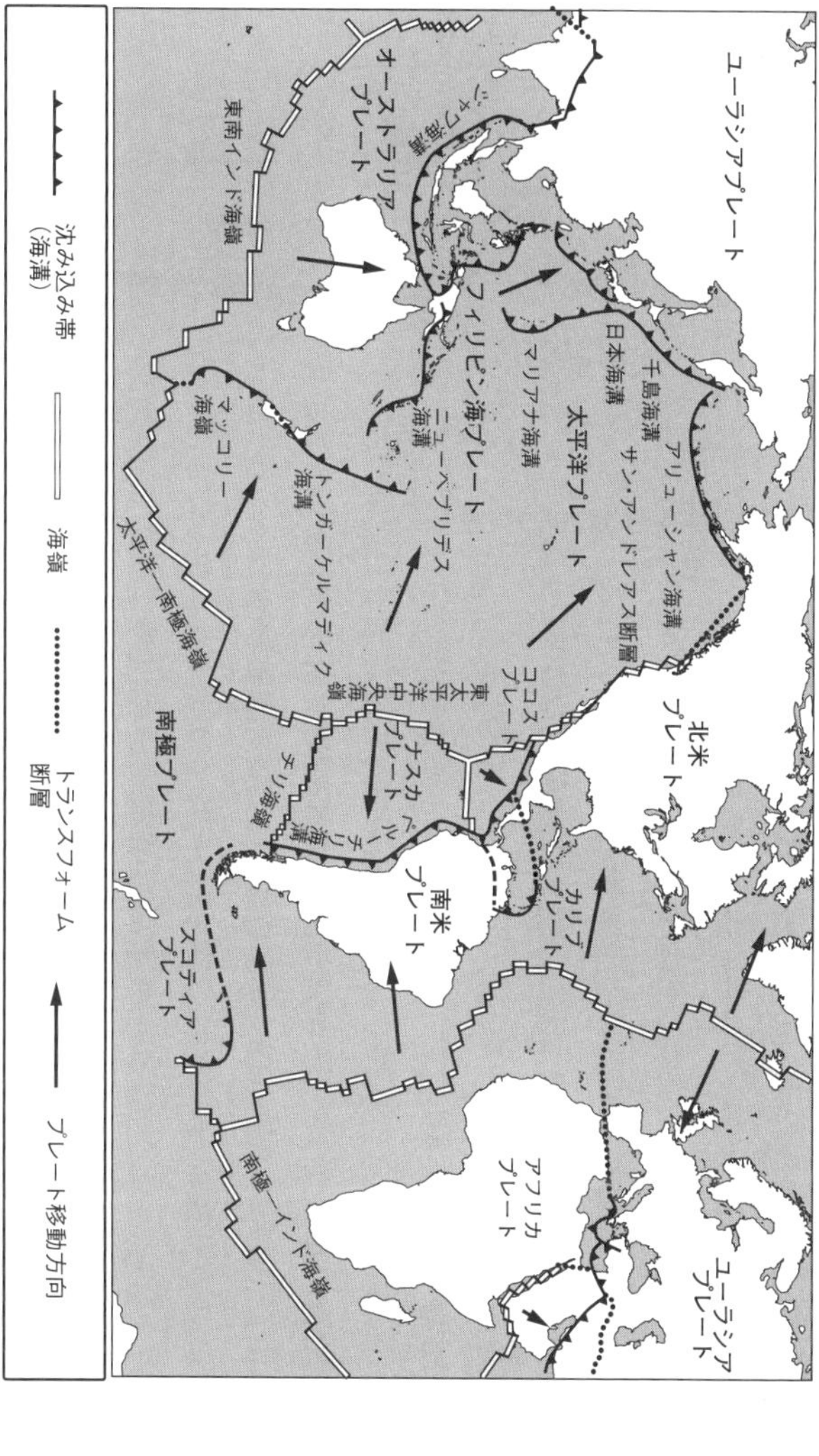

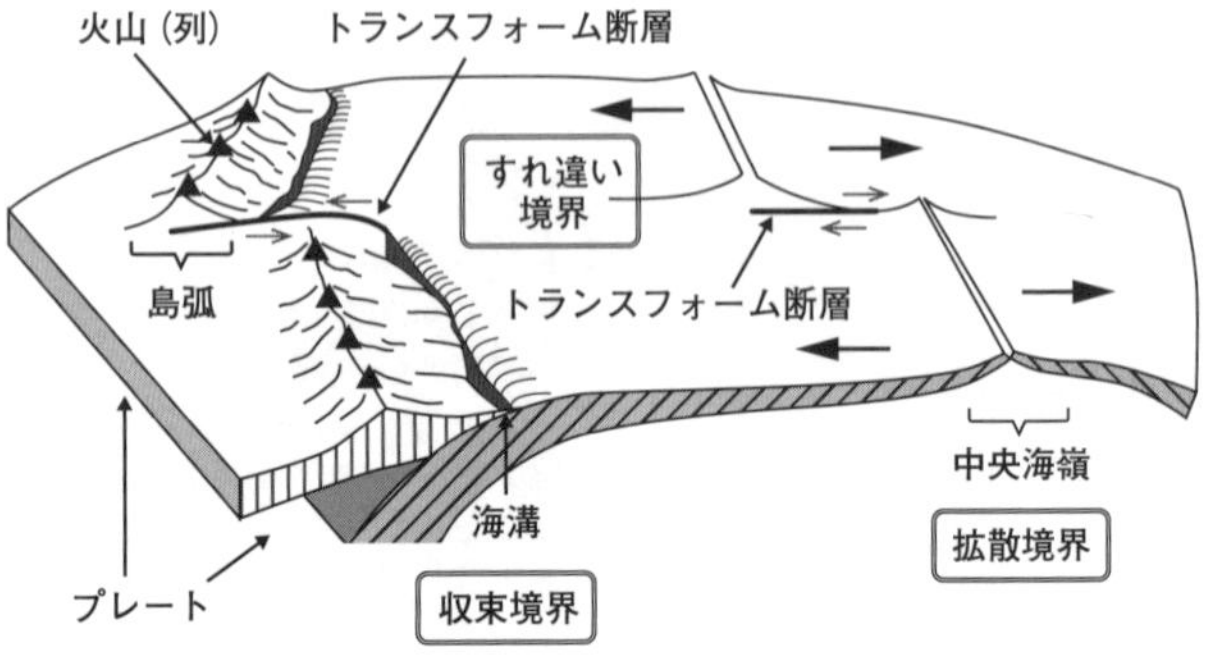

図1-2　プレート縁辺の3境界

他のプレートと重なったりしながら、それぞれ独自に動いています。プレートが動くと、縁では他のプレートとの間に相互（差動）運動が現れます。これがプレート境界の運動です。

一つのプレートが他のプレートと接する「プレート境界」には、三つのタイプがあります。「拡散境界」、「収束境界（発散境界）」、そして「すれ違い境界」です（図1－2）。

拡散境界では、地殻の下にあるマントル物質が湧き上がることで新しいプレート（海洋プレート）が作られ、両側に拡がって外側に送り出されています。マントルが湧き上がる場所は地表が持ち上がって高まりができ、それが線状に延びて海底の大山脈（海嶺《かいれい》）を形成しています。つまり、海嶺とはプレート生成の場なのです。

大陸の下でマントルが湧き上がると、最初に大陸を拡げる割れ目（大地溝帯）ができます。その割れ目の拡大が進むと海洋プレートと海嶺が姿を現し、さらに海洋底と海嶺が成長していきます。東アフリカの大地溝帯（リフトバレー）やアラビア半島の間の紅海は、大陸が割れて拡がろうとしている、あるいは海洋が拡がりつつある場所と考えられています。

収束境界とは、あるプレートが他のプレートの下に沈み込んでいるところです（これを「沈み込み」と言います）。沈み込むプレートは曲がって他方のプレートの下に入り、そのまま地球の中（マントルの中）に入っていきます。その沈み込み口は海溝と呼ばれる細長く深い溝となり、その背後には少し離れて火山が連なって並ぶ島弧があります。この海溝と火山列が弓形に湾曲しながら大陸沿いに並行して延びて、弧状列島を形成しています。日本付近では太平洋の海底を作る太平洋プレートがユーラシア大陸の下に沈み込み、これによって島弧と海溝が作られています。ですからユーラシア大陸の南東縁に沿う日本列島は、このようなプレートが収束するところに形成された島弧なのです。しかし、日本列島の下にはもう一つ、フィリピン海プレートも沈み込んでいます。その結果、日本付近の島弧配列は複雑になっているのですが、それは後で説明します。

「すれ違い境界」は、プレート同士が「トランスフォーム断層」と呼ばれる特殊な横ずれ断層で接しています。世界有数の断層であるアメリカ・カリフォルニア州のサン・アンドレアス断層やニュージーランドのアルパイン断層がこのタイプの断層です。

弧状列島はなぜ生まれるのか

ところで、先ほどから述べている弧状列島の〝弧状〟の地形はどうして生じるのでしょうか。

プレートはまな板のような平らな板ではありません。地球は丸いですから、卵の殻のように湾曲しています（これを「球殻《きゅうかく》」と言います）。

球殻であるプレートが折れ曲がる時、その表面の曲がり口はどうなるでしょうか。平面が曲がる時は、曲がり口は直線状に延びますが、球面が曲がる時はそういきません。ピンポン球を強く打つと表面がへこむことがあります。その時の曲がり口の形は円弧になります。球面が面積を変えずに湾曲すると、曲がり口は弧状に延びるわけです。したがって、海溝や島弧が弧状に延びているのは、球殻であるプレートが曲がって地球の内部に沈み込んでいるからなのです。

しかし、もう一つ別の考え方もあります。弧状列島とは一つの弧が延々と続くのではなく、いくつかの短い弧が繋がっているという考え方です（図1－3）。この弧と隣の弧との接合部では、沈み込む海洋プレートの上に必ず海山列などの高まりがあります。このような高まりは海溝で沈み込む時に海溝に引っかかって沈み込みにくくなり、沈み込み口を奥に押し込んでしまいます。その結果、海溝が弧状に曲げられ、曲げられた海溝や陸上の火山列がいくつも連なる弧状列島が作られているというのです。これらの考え方のどちらが正しいという結論は出ていませんが、私は両方の作用によって弧状列島が作られていると思っています。

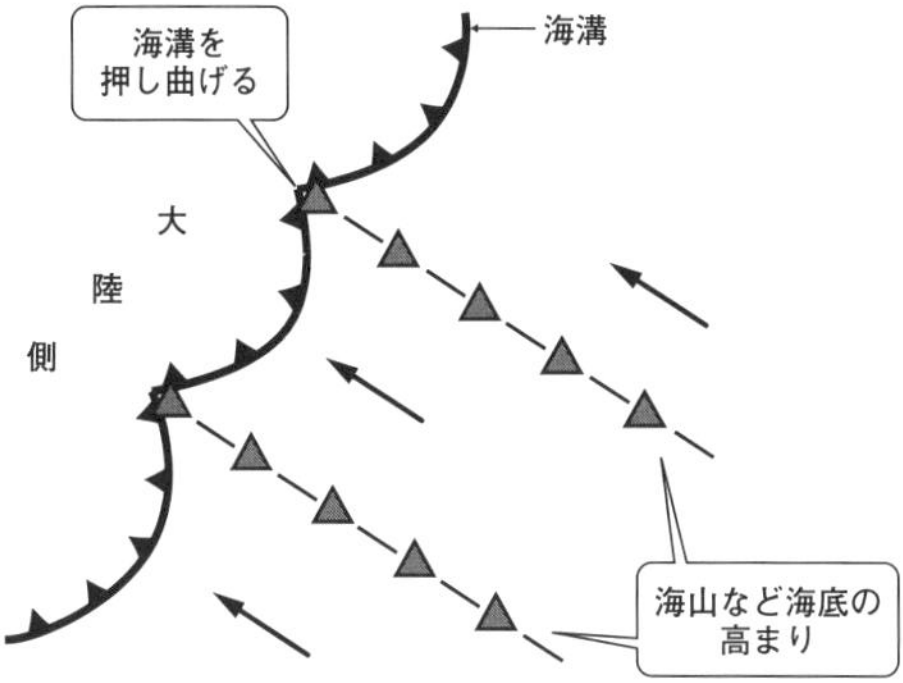

図1-3　島弧が弧状になる原因

プレートが沈み込むことで「付加体」が生まれる

プレート沈み込みの場に作られた日本列島などの島弧（弧状列島）には、共通した地形配置が認められます。それは、太平洋などの大洋側から海溝と火山弧（島弧）、そして大陸との間に作られ

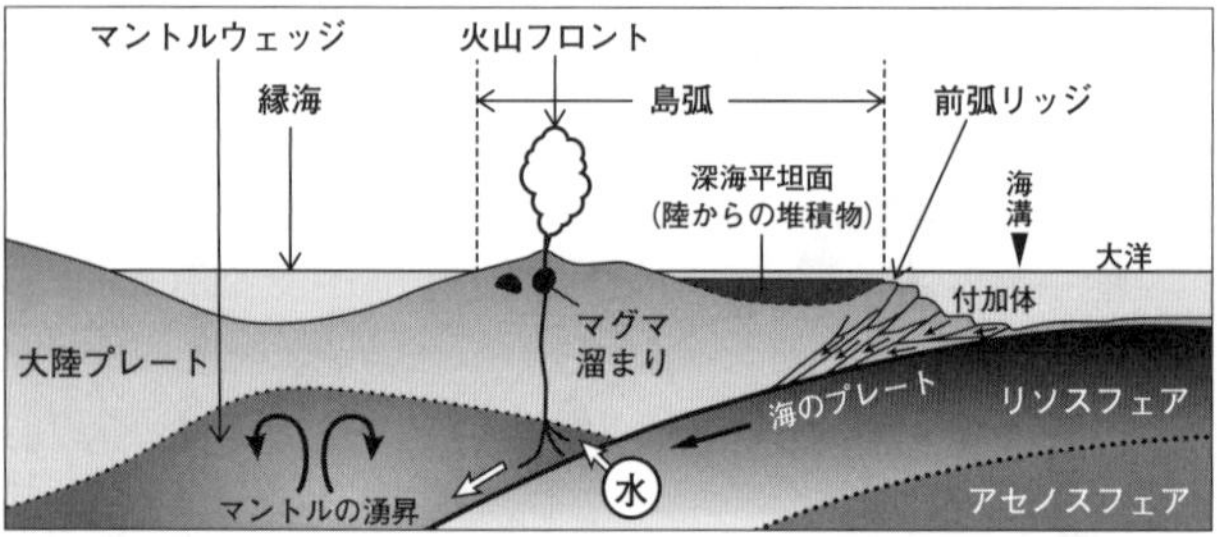

図1-4　島弧—海溝系の地形配列

た「縁海」が存在することです（図１－４）。

海溝は、平均の深さが４０００ｍほどで、通常の海洋底よりはるかに深く、太平洋の海底が東北日本の下に沈み込んで形成された日本海溝では、深さが１万ｍを超すところもあります。

ちなみに水深が６０００ｍより浅いところは、海溝ではなくトラフ（舟状海盆）と言うことが多いです。南海トラフや駿河《するが》トラフ、相模トラフは事実上海溝と同じものですが、上記の理由でトラフと呼んでいます。

海溝ではプレートは他のプレートの下に沈み込みますが、海洋底の上に載っている深海堆積物などは一緒に地球内部に入ることができず、岩盤から引き剝《は》がされて大陸側の斜面にくっつけられます。これは「付加作用」と呼ばれ、大陸斜面にくっつけられて積み重なった堆積物を「付加体」と言います。

この作用はエスカレーターの動きになぞらえるとイメージしやすいかも知れません。エスカレーターの踏み板は、降り口で床の下に入っていきます。これは海溝でのプレートの沈み込みにあたります。もし踏み板の上にゴミをいくつか落とすと、それらは踏み板と一緒に床の下に入ることはできず（入ったら困りますが）、降り口の床の上にどんどん溜まっていきます。これが付加体の原理です。新しい堆積物は古い付加体の下に差し込まれるようにくっついていくので、付加体は古いものほど上に持ち上げられ、その結果、海溝の陸側に高まりを作ります。これを「前弧リッジ」、あるいは「外縁隆起帯」などと呼びます。高まる前弧リッジの背後（大陸側）は相対的な凹地《おうち》となり、陸側から流入する堆積物に埋められて海底の平坦な堆積盆地ができます。これを「前弧海盆」、あるいは「深海平坦面」と言います（図1－4）。深海平坦面の陸側には島弧の端である大陸斜面があり、島弧本体に続いていきます。

マグマの生成と火山フロント

島弧の特徴は、地殻が厚くなって高まりとなり、火山が存在し、それが線状に並んでいることです。火山は地下からマグマが地表に噴出して形成されるのですが、そのマグマは、プレートの沈み込みが原因で作られます。海溝から沈み込んだ海洋プレートは島弧の下に沈み込んでいきますが、その沈み込んだプレートの上にはマントルが存在します。この中には地下深部から高温の部分が上昇してきます。これに沈み込む海洋プレートから絞り出された結晶水が加わると、マントルの融点（固体が融け出す温度）が大きく下がり、部分的に融けてマグマが生成されるのです。このマグマは周囲のマントルより高温なので熱気球のように上方に上がっていき、地下のマグマ溜まりを経て地表に火山として噴出するわけです。

マグマが形成されるのは沈み込むプレートの深度が約１００㎞以上のところなので、地表から見ると火山の分布は線状に連続するように見えます。そして、この火山列より海溝側には温度が低いためマグマが形成されず、火山は分布しません。この火山帯と非火山帯の境界を「火山フロント」と言います。火山フロントの下、約１００㎞付近に海洋プレートが存在しているので、海溝と火山フロントの間が短ければ沈み込みの角度は相対的に大きく、長ければ沈み込みの角度は相対的に小さいと考えられます。また島弧では、火山の多くは奥羽山脈や北アルプスのような高度の高いところに噴出しています。これは、マグマの上昇自体が地殻を押し上げているためと考えられます。

日本海の誕生

縁海とは島弧と大陸との間に形成される、大洋よりずっと小さな海域です。縁海は「大陸の縁の海」という意味で、その成因は多様ですが、一つには、マントルの湧き上がりがあり、その上にある大陸プレートの一部が引き裂かれた結果と考えることができます。開裂が進めばやがてその下に玄武岩からなる海洋地殻が現れます。

日本海はこのようにしてできた縁海と考えられます。日本海の拡大はすでに終了していますが、沖縄と大陸の間にある沖縄トラフでは活発な熱水活動が認められるため、これから大陸の開裂が始まろうとしている地域だと考えられています。

プレート沈み込み境界には、縁海のないところもあります。南米の西岸地域には、明瞭な海溝は存在しますが、縁海は形成されていません。火山は大陸の縁に沿うアンデス山脈の上に噴出しています。

このような大陸の縁に形成される火山弧は、島弧とは言わず陸弧と呼びます。陸弧には縁海がありません。これは沈み込む海洋プレートの上のマントルの部分（マントルウェッジ）が小さく狭くて、そこにマントルの湧昇流《ゆうしょうりゅう》ができないためです。マントルウェッジが狭いのはプレートの沈み込み角が小さいからで、それはプレートの年代と関係しています。若い海洋プレートは薄くて軽いので、浅い（小さな）角度でしか沈み込めません。その結果、狭いマントルウェッジしかできないのです。一方、古い海洋プレートは厚くて重いので沈み込み角は大きくなり、マントルウェッジも大きくなって、湧昇流が生まれて背弧拡大が生じるわけです。実際、日本列島に沈み込む太平洋の海底は生成後2億年近く経つ古いプレートですが、南米大陸に沈み込むナスカプレートは、東太平洋中央海嶺で生まれた後、海溝に達しているものでは最も古いものでも4000万年程度の若い海底です。

日本付近のダイナミックなプレート運動

日本付近はプレートの収束帯に位置しており、3枚ないし4枚のプレートが関係しています。図1－5を見てください。

東の太平洋側には太平洋の海底を構成する太平洋プレートがあり、西北西方向に進行しています。一方、南から西側の太平洋には海洋性のフィリピン海プレートがあり、北西方向に進んでいます。そして北側には、大陸から日本列島に続く大陸性のユーラシアプレートがあります。現在これはユーラシアプレートではなく北米プレートの一部であるという

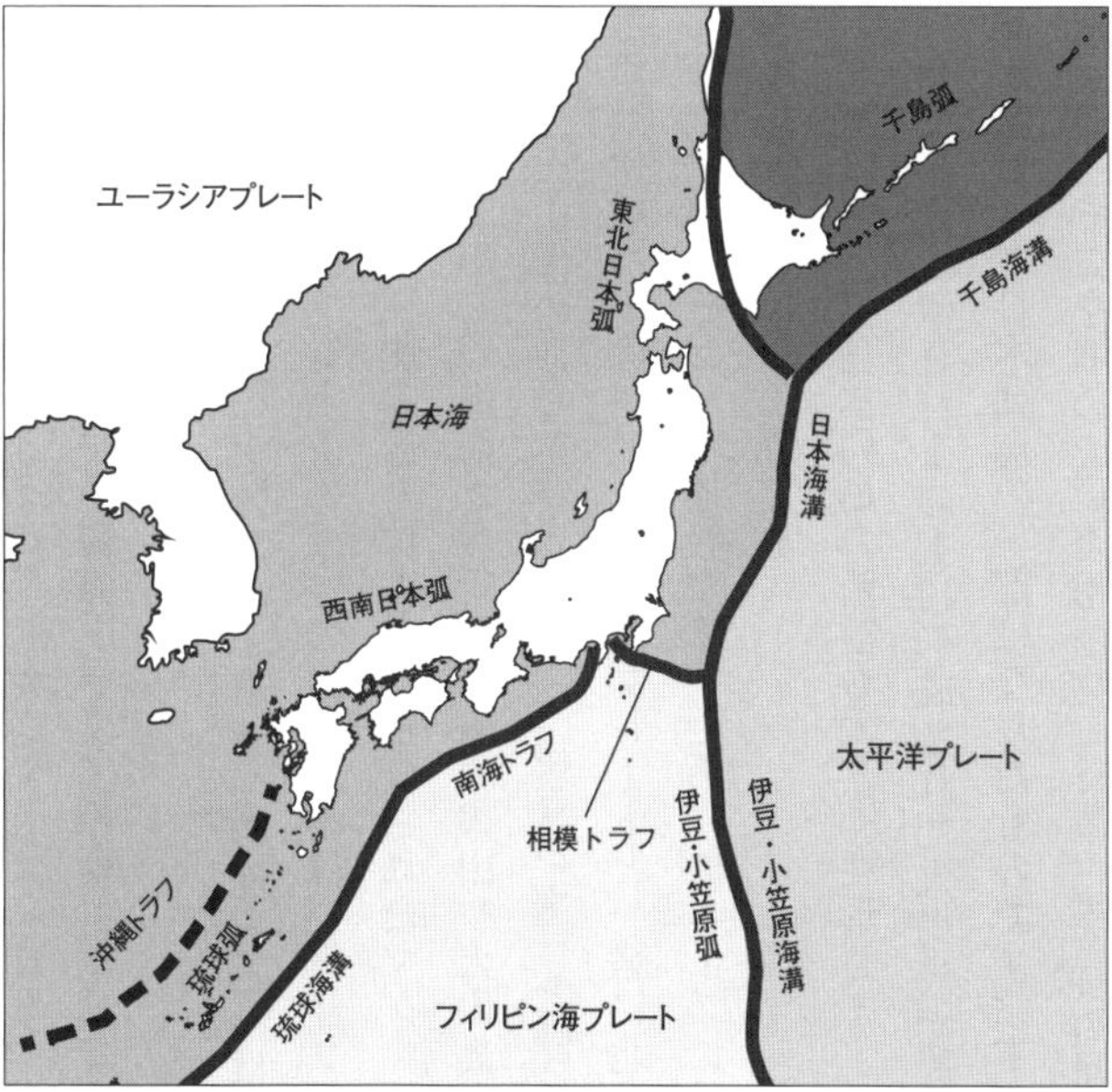

図1-5　日本列島下のプレート配置

考えが主流になっていますが、日本海東縁にあるユーラシアー北米プレート境界には大きな動きの差（差動運動）は認められません。動きとしては、両者はほぼ一体と見て良いと思います。そのため、ここでは説明を簡単にするため、あえて両者を併せてユーラシアプレート、あるいは大陸プレートと呼ぶことにします。

太平洋プレートは日本海溝とその南の伊豆・小笠原海溝で大陸プレート（東北日本）

とフィリピン海プレートの下に沈み込んでいます。そして、フィリピン海プレートはその北端にある南海トラフ－駿河トラフ－相模トラフで西南日本を構成する大陸プレートの下に沈み込んでいます。

太平洋プレートの大陸プレート下への沈み込みは東北日本の島弧を作りました。一方、フィリピン海プレートの下への沈み込みは、海洋プレート同士の沈み込みなので様子が少し異なります。沈み込みによって生成されたマグマは、上昇してフィリピン海プレートの東端部に噴出し、海溝と並行して海底火山や火山島からなる島弧を形成しています。この部分は火山性の地殻が厚くなり、「伊豆バー」と呼ばれる海底の細長い高まりとなっています。伊豆バーはフィリピン海プレートと一緒に北西に進み、大陸プレートの下に沈み込むのですが、そこだけ地殻が厚いため、スムーズには沈み込めず、沈み込み境界を北に強く押し曲げてしまうのです。

それに伴って日本列島の基盤も大きく変形します。これは後に詳しく説明します。

伊豆半島は伊豆バーの上に形成された火山島が約100万年前に本州と接触・衝突し、陸が繋がって日本列島の一部になったものです。本州と伊豆地塊《ちかい》との間にあったトラフは隆起し、そこを埋めていた堆積物（鮮新・更新世の足柄《あしがら》層群）は隆起して、丹沢山地の南縁

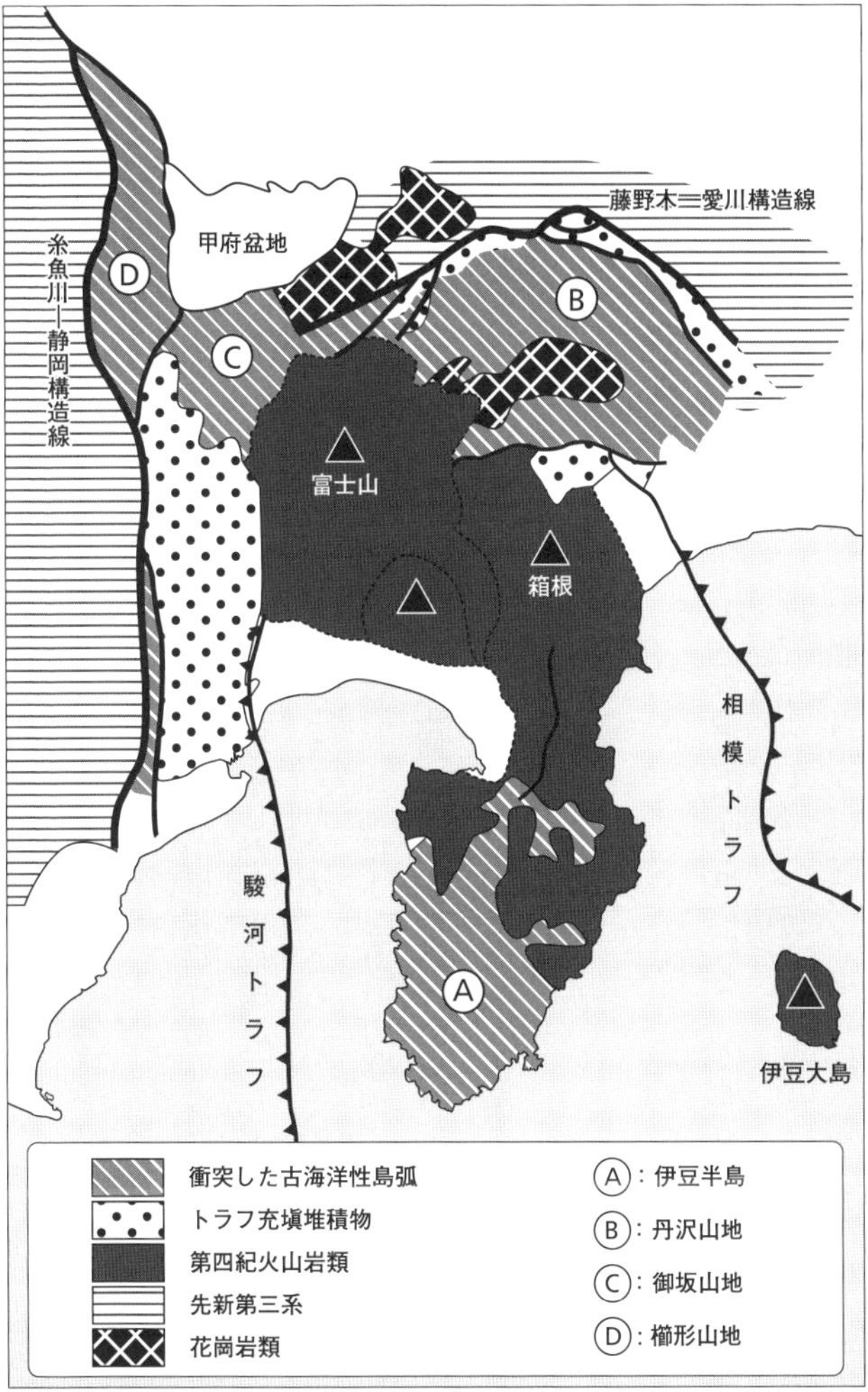

図1-6　伊豆バーの上の火山地塊の多重衝突

部に足柄山地を作っています。伊豆が接近してトラフが浅くなっていく様子は、足柄層群の上方粗粒化（上位の地層ほど堆積物が粗くなって、最後には河床礫《かしょうれき》になっていくこと）からうかがうことができます。

足柄山地の北側にある丹沢山地も中新世の海底火山堆積物である湯ヶ島層群で構成されています。これも、もともと南の海に噴出・堆積した火山地塊がプレートの北上に伴って約500万年前に本州にくっついたものと考えられます。さらに、その西側にある御坂《みさか》山地は900万年前ごろ、さらにその北西の櫛形《くしがた》山地は1200万年前ごろに本州に付加したと考えられています。このように伊豆の北側では中新世以降伊豆バーの沈み込みによって、その上の火山地塊が多重衝突を繰り返し、その結果として、基盤岩がハの字型に変形したと考えられるのです（図1－6）。

本州は3つの島弧が会合している

日本列島周辺のプレート同士の沈み込み構造が明らかになってくると、この弧状列島は、いくつかの島弧の組み合わせで構成されていることがわかりました。これらは「海溝－火山弧－縁海」の基本構造を持つ、北から①千島弧、②東北日本弧、③伊豆・小笠原弧、④西南日本弧、⑤琉球弧の5つの島弧です。このうち①と②は太平洋プレートが大陸プレートの下に沈み込んでいるもの、③は太平洋プレートがフィリピン海プレートの下に沈み込んでいるものです。④と⑤はフィリピン海プレートが大陸プレートの下に沈み込んでいます。表1にそれぞれの島弧を構成する海溝や縁海の名称を示します。

表1　日本周辺の島弧－海溝系

縁海名	島弧(火山弧)名	海溝名
千島海盆	①千島弧	千島海溝
大和海盆	②東北日本弧	日本海溝
四国海盆	③伊豆小笠原弧	伊豆・小笠原海溝
対馬海盆	④西南日本弧	南海トラフ―相模トラフ
沖縄トラフ	⑤琉球弧	琉球海溝

太平洋プレートの沈み込みによって、千島海溝から日本海溝、伊豆・小笠原海溝まで名称は異なりますが、太平洋には1本の連続した、かつ世界で最深の海溝が作られています。また、この海溝で沈み込んだプレートの端には並行して火山フロントが形成され、千島から知床《しれとこ》、大雪山系、北海道南部、恐山《おそれざん》から奥羽山脈、八ヶ岳から富士箱根、伊豆半島、伊豆・小笠原諸島へと火山が並んでいます。

また、フィリピン海プレートの沈み込みによって、相模トラフから駿河トラフ、南海トラフ、琉球海溝へと続く海溝が形成されています（ただし、伊豆半島の衝突により相模トラフと駿河トラフの間は陸域となっています）。フィリピン海プレートの沈み込みで形成された火山フロントは、中部山岳北西端の白山《はくさん》付近から、中国地方の大山《だいせん》や山口県の単成火山群を経て、九州の阿蘇、霧島、桜島、開聞岳《かいもんだけ》などを経てトカラ列島に続きます。ここから西は海底火山になって、西表島《いりおもてじま》北北東海底火山や第四与那国海丘まで続いています。奄美大島《あまみおおしま》から沖縄本島を経た石垣島などの先島《さきしま》諸島は、火山フロントより海溝側にあり、本州の紀伊山地や四国山地に対応する非火山の高まりです。西南日本弧では海溝（トラフ）と火山フロントの間の距離が他の島弧よりも長く、ここでは低角の沈み込みが行われていると考えられます。

このようにしてみると、日本の本州島は一つの島弧ではなく、三つの島弧が会合しているものだとわかります。ですから、本州が屈曲しているのは島弧形成によるものではなく、別の原因によると考えられます。

本州の地質構造

日本列島で最大の島である本州の地質構造についても詳しく見てみましょう。各地質時代は表2を参考にしてください。

本州の地質構造は、中央部の大地溝である「フォッサマグナ」（東北日本と西南日本の境

表2　中生代～新生代の地質時代区分

代	紀	世
新生代	第四紀	完新世（1万1700年前 ～ 現在）
		更新世（258万8000年前 ～ 1万1700年前）
	新第三紀	鮮新世（533万2000年前 ～ 258万8000年前）
		中新世（2303万年前 ～ 533万2000年前）
	古第三紀	漸新世（3390万年前 ～ 2303万年前）
		始新世（5580万年前 ～ 3390万年前）
		暁新世（6550万年前 ～ 5580万年前）
中生代	白亜紀	（1億4550万年前 ～ 6550万年前）
	ジュラ紀	（1億9960万年前 ～ 1億4550万年前）
	三畳紀	（2億5100万年前 ～ 1億9960万年前）

目となる地溝帯のこと。中部地方から関東地方までを横断する形で位置している）を境に、東北日本と西南日本とに分けられます。さらに、西南日本は東西に走る大断層の中央構造線によって北側の内帯と南側の外帯に分けられます。

図１－７に示すように、西南日本では「基盤」と呼ばれる硬い岩石、主に古・中生代の堆積岩や、それを母岩にした変成岩、中生代以降に貫入した花崗《かこう》岩、そ

れに古第三紀の堆積岩や火成岩が、島弧の方向と並行して帯状に配列しています。そのうち、内帯には古・中生代の飛驒《ひだ》帯や美濃《みの》・丹波《たんば》帯の堆積岩やそれらが変成した岩石、マントルから貫入してきた花崗岩などが分布しています。外帯には内帯に比べて新しい中生代ジュラ紀の秩父帯やそれが変成した三波川《さんばがわ》帯、白亜紀から古第三紀の四万十《しまんと》帯が分布しています。堆積岩はいずれも海洋底や大陸起源のさまざまな地層を含む付加体の堆積物で、変成作用を強く受けているものと受けていないものがあります。付加体堆積物とは、岩盤がプレートの沈み込みに伴って大陸側にくっついたものです。変成岩は付加体堆積物が沈み込み帯の深部まで引きずり込まれ、そこの高温・高圧な状態の下で変成作用（高圧変成）を受け、その後隆起して地表に現れたものです。

内帯の飛驒帯は古・中生代の付加体が変成作用を受けたもの、美濃・丹波帯は変成を受けなかった付加体堆積物で、この中から恐竜化石が発見されています。JR福井駅前に恐竜のモニュメントがあるのは、福井県下には美濃帯が広く分布していて、恐竜化石が多く見つかっているからです。

外帯の三波川帯はジュラ紀の付加体がプレートの沈み込みに伴って地下数十㎞まで引きずり込まれて高圧変成を受けたものです。一方、中央構造線を境にして三波川帯と接する

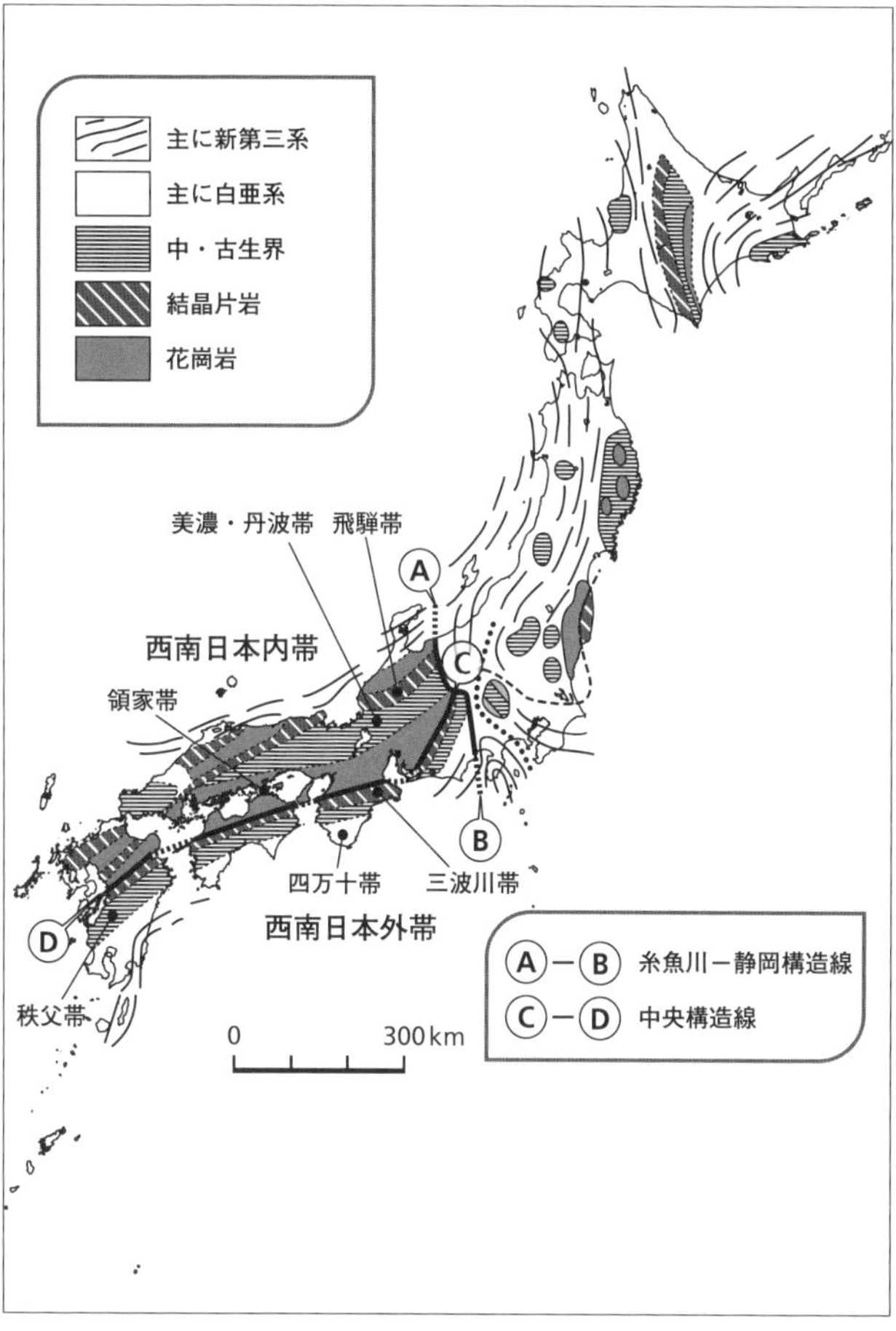

図1-7　日本列島の地質構造
西南日本では基盤が広く露出しているが、東北日本では新第三系が基盤を覆って広く分布している

内帯の領家帯は、美濃・丹波帯の付加体堆積物が白亜紀に貫入してきた花崗岩類によって高温・低圧の変成作用を受けたものです。領家帯と三波川帯は、本来、上下方向で20㎞、水平方向で60㎞も離れた岩体ですが、それが中央構造線を境に接していることは、その後、中央構造線に沿ってそれだけ食い違う地殻変動があったことを示しています。

これに対し東北日本は、新第三紀中新世以降（2300万年前以降）の火山噴出物や堆積岩類に広く覆われていて、基盤は太平洋側の北上山地（下北半島東部も含む）と阿武隈《あぶくま》山地に分布するだけです。基盤岩の種類や堆積時期は西南日本とほぼ同じで、古・中生代の付加体堆積物とその変成岩類、貫入した花崗岩類で構成されています。また、北上山地の太平洋岸には西南日本の四万十帯に相当する中生代末から古第三紀の堆積岩や火山岩類が分布しています。景勝地として有名な岩手県宮古市の浄土ヶ浜には古第三紀の流紋岩が露出して、白い浜を作っています。阿武隈山地の太平洋岸に分布する白亜紀の双葉層群からは、大型海生恐竜の首長竜であるフタバスズキリュウが発見されています。また、ハワイアンセンターで有名になった常磐《じょうばん》炭田は、双葉層群の上位に分布する古第三紀堆積岩中にある3500万〜3000万年前の石炭層を採掘していたものです。しかし、これらの東北日本の基盤構造は全体に南北ないし北北西－南南東に延びており、西南日本のそれとは大きく異なります。

このことから、東北日本では新しい堆積物の下に西南日本と同様の古・中生界からなる基盤が埋もれているものと推定されます。

ただし、東北日本の沖にある日本海溝の陸側斜面には、西南日本の南海トラフ沿いに認められるような明瞭な付加体は見あたりません。付加体はプレート間の圧縮力が弱いマリアナ海溝のようなところでは形成されにくいのですが、東北日本は太平洋プレートの強い圧縮を受けています。すると、ここに付加体がないのは、形成されなかったのではなく、形成されていたものが沈み込むプレートによって削り取られ、地球の内部に運ばれたためだと考えられます。このように、沈み込むプレートが上盤側のプレートを削り取る現象を「テクトニックエロージョン（構造侵食）」と言います。

このような日本列島の基盤を作る付加体の形成と隆起運動が行われていたのは、現在の日本列島が位置するところではありません。日本列島は現在の朝鮮半島の北東側、沿海州付近のユーラシア大陸の一部であったと考えられます。付加体の存在から、その南東側の沖合ではイザナギプレートと呼ばれる海洋性のプレートが大陸側に沈み込んでいたと考えられます。それにより大陸の縁に隆起運動と火山活動が起こり、アンデス山脈のような山

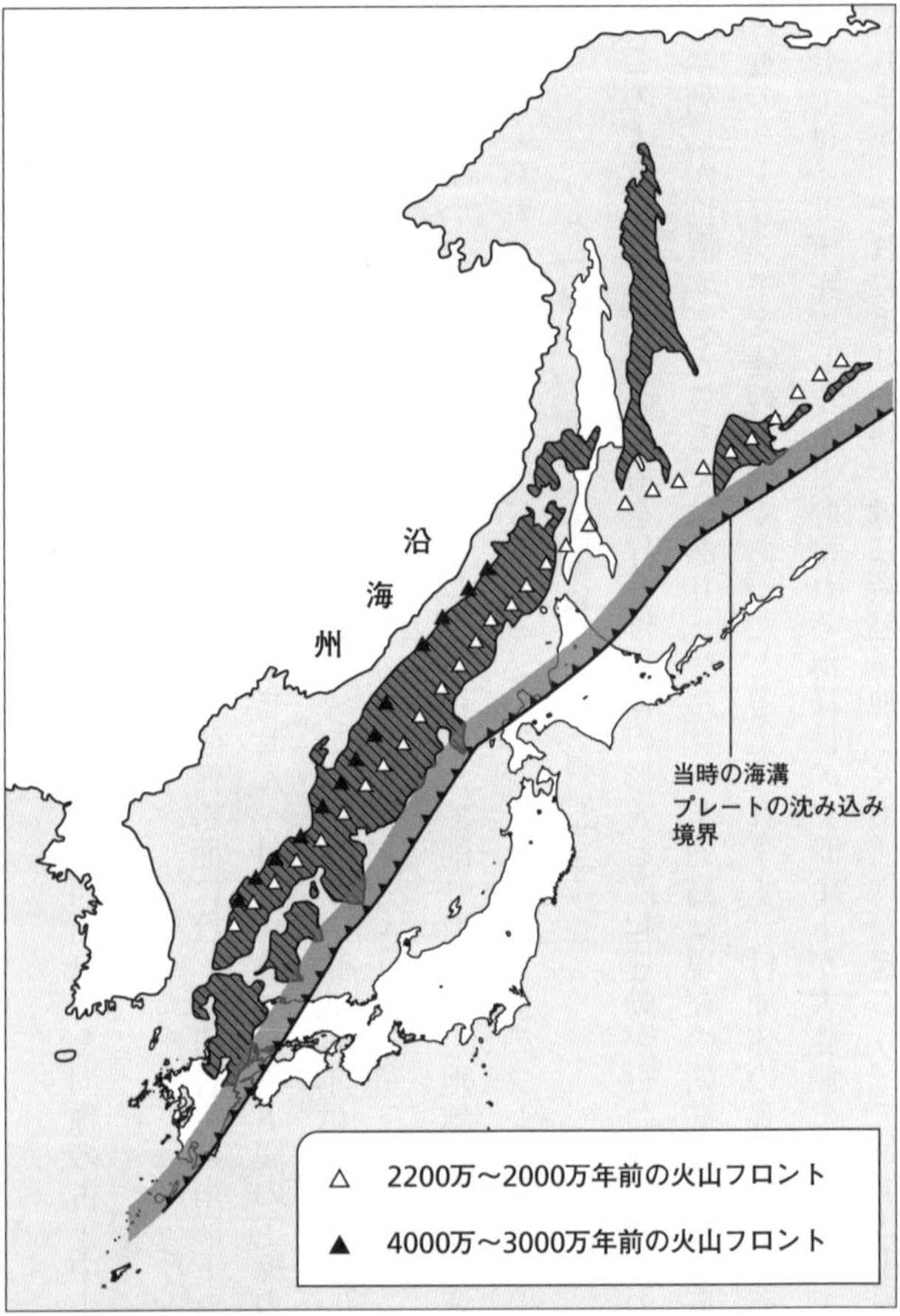

図1-8　日本海の開裂以前の日本列島
当時の海溝・沈み込み境界は現在よりずっと西側に位置していた

脈が形成される陸弧だったと推定されるのです（図1－8）。男鹿《おが》半島や佐渡島には3000万年前ごろに火山フロント付近に噴出したアルカリ玄武岩が存在します。アルカリ玄武岩は島弧にはほとんど分布しませんので、これも陸弧であったことを示す証拠と考えられます。この状態が中生代から古第三紀の間は続いていました。

大陸から離れ、回転移動した日本列島

新第三紀中新世の2000万～1500万年前にかけて、大陸の一部が裂け始めて日本海の開裂が発生しました。この時、分離した大陸ブロックが現在の日本列島の基盤を構成しています。このブロックは中央部で二つに折れ、北東側の東北日本は反時計回りに30度ほど回転しながら南に移動しました。一方、西南日本は時計回りに50度ほど回転しながら南へ移動しました。ちょうど観音開きの扉を押し開けたように、日本列島となる大陸ブロックは南に回転移動し、大陸との間には縁海となる日本海が誕生したのです（図1－9）。

この移動や回転の様子は、火山岩に残る磁石の性質を利用して復元されました。日本列島の各地で火山岩の放射性年代測定値と古地磁気の測定結果を求めると、1500万年前を境に結果は大きく異なります。西南日本と東北日本、それに関東山地の古地磁気方位の

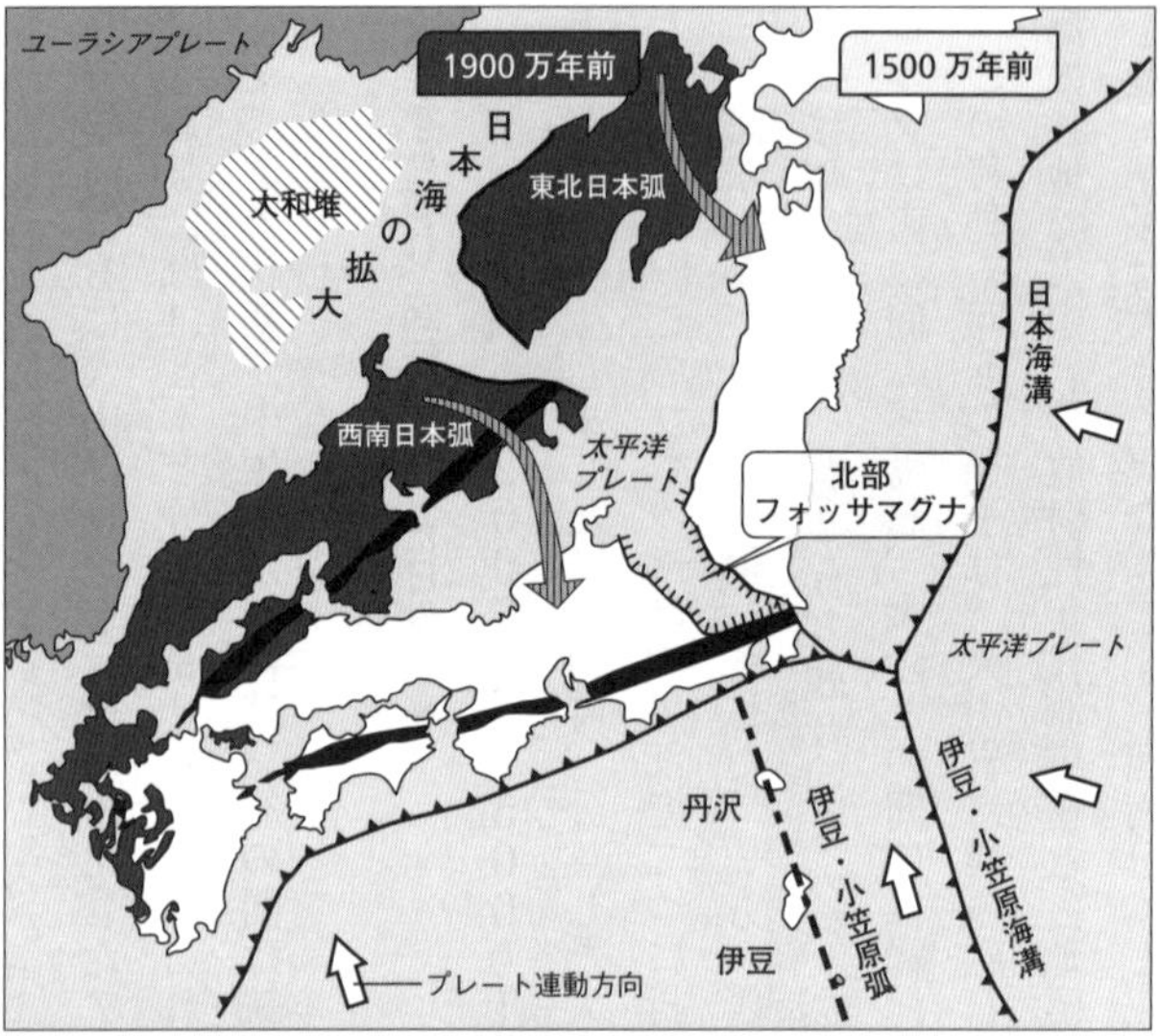

図1-9　日本海拡大直後の日本列島
2つのブロックがそれぞれ回転移動して日本列島が形成されていった

時間的な変化を見ると、２０００～１５００万年前の間で急速な古地磁気方位の変化が起きています。その前後の時代には地球の古地磁気方位に大きな変化はないので、これが日本海の拡大に伴う日本列島の移動と回転によるものと考えられます。以上のことから、大陸から分離した二つのブロックが回転移動して現在の日本列島となったと推定できます。

　ちなみにこの運動においては、関東山地の回転は東北日本と西南日本より遅れているように見えます。日本海の開裂は１５００万年前には終了したと考えられるので、関東山地はその後に回転が起きたと考えられます。その作用は、関東山地の南側で伊豆バーの本州への衝突が繰り返され、伊豆バーの上の火山地塊が繰り返し本州側に付加して、基盤構造を北に押し曲げていたと考えられます。日本海開裂によって日本列島の基盤がほぼ現在の位置に定着した後も、南部フォッサマグナでは伊豆バーの衝突が続き、そのために衝突域の北にあった関東山地の基盤ブロックが回転を続けていたものと考えられます。

日本海開裂時には、このような基盤の回転移動によって地殻の水平圧縮が緩み、日本列島では基盤中に多数の大規模な正断層が形成されました。これが、鮮新世の３００万年前ごろから始まった現在の強い水平圧縮場の下ではその断層面を利用して逆断層として活動しています。これを「インバージョン（逆転）テクトニクス」と言います。現在も活動を続けている日本の主要な活断層は、その下の基盤に大きなずれを持つ古い断層が、現在の応力場でインバージョンによって再活動したものです。つまり、日本の活断層のルーツは日本海開裂によって基盤に生じた正断層群と考えられます。

フォッサマグナの形成と残された謎

ところで、先ほどから話に登場しているフォッサマグナについて少し説明を加えておきましょう。

フォッサマグナとは、東北日本と西南日本を分ける大地溝帯のことです。その形成は、それを埋める厚い堆積物の存在やその年代から、日本海開裂と基盤の屈曲が起きたおよそ1500万年前と考えられます。なぜ大地溝が形成されたのかや、それを埋める火成岩の起源についてはいろいろな説が次々に提唱されていますが、まだ多くの人が納得する定説はありません。ただ、基盤ブロックが大陸から分離して南に移動している時に、西南日本と東北日本との間の海に地溝が形成され、そこが厚い堆積物に埋められたことは確かです。

フォッサマグナは南部と北部に分けられ、両者の構造は大きく異なります。南部フォッサマグナは、伊豆バーの沈み込みに伴って本州に衝突・付加した火山地塊と、その前後に形成されたトラフ堆積物によって充填《じゅうてん》されています。この衝突と付加作用によって関東山地や赤石山脈の隆起が生じていると考えられます。一方、北部フォッサマグナには日本海開裂時以降の海底の堆積物が厚く堆積しています。層相の変化から、中新世の初期16

00万年前ごろに浅海から深海に変わり、それが徐々に埋められて浅海の堆積環境となり、最後に更新世前期〜中期に陸化した様子が読み取れます。

南部フォッサマグナの内部の地質構造形成には伊豆バーの衝突が関与していることは明らかですが、伊豆バーが北部フォッサマグナの形成とどう関係しているのか、あるいは、日本海開裂時に西南日本と東北日本の間に形成された大地溝と伊豆バーとの関係もわかっていません。南部フォッサマグナに伊豆バーが衝突しているのは偶然なのか、それとも必然だったのかもわかっていないのです。フォッサマグナの形成原因や形成史は、詳細な研究の進展にもかかわらず、まだまだ多くの謎を残しています。

コラム❶ 地球の表面と内部はどうなっている？

第1章では島弧・海溝系について解説した際、図1-4に「リソスフェア」と「アセノスフェア」という言葉が出てきました。これは地球を構成する地質として基本的な事項ですので、少し詳しく説明を加えておきましょう。

地殻、つまり地球表面を覆うプレートは硬い岩板でできています。これをリソスフェア（Lithosphere：岩石圏）と呼びます。リソスフェアを構成する物質は、上部が地殻（密度2.7〜3.0g／cm^3）、下部はより密度の高い上部マントル（3.3〜g／cm^3）です。両者の大きな違いは密度で、密度が急に異なると地震波の伝わる速度（地震波伝播速度）が大きく変わるので、地殻と上部マントルの間には「モホロビチッチ不連続面」（モホ面）と呼ばれるギャップのあることが知られています。

地殻はさらに「大陸地殻」と「海洋地殻」に分けられます。大陸地殻は大陸の下に分布しており、主に花崗岩（密度2.7g／cm^3）で構成され厚さは40㎞ほどあります。一方、海洋地殻は海洋底に分布しており、玄武岩（密度2.9g／cm^3）で構成されています。

厚さは５㎞程度で、これは中央海嶺でマグマが海底に噴出して作られたものです。

　上部マントルは地殻の下に分布し、より密度の高いかんらん岩で構成され、両者でプレートを構成しています。大陸地殻を持つプレートは「大陸プレート」、海洋地殻を持つプレートは「海洋プレート」と言います。大陸プレートは軽く厚い地殻と上部マントルを併せて１００㎞程度の厚さがあり、一方の海洋プレートは薄く重い海洋地殻と上部マントルを併せて80㎞程度の厚さがあります。

　要するに、大陸プレートの方が海洋プレートより厚く背が高いのですが、これは軽い花崗岩からなる大陸地殻が厚いためで、リソスフェアの下部にかかる重さは、大陸プレートも海洋プレートもほぼ同じです。このため、地球表面の高さの分布は明確に2段に分かれています。大陸で平均８４０ｍ、海洋底でマイナス２４００ｍです。地表の高度にはっきり2段の段差がついているのは太陽系の中で地球だけであり、金星や火星などの他の岩石惑星には認められません。2段の段差はプレートに起因するわけですから、逆に太陽系でプレートテクトニクスが存在するのは地球だけだと考えられます。

　ただ、注意していただきたいのは、海洋プレートと大陸プレートは、それぞれが別個のものだけではなく、一つのプレートの中に海洋プレートと大陸プレートの両方が併存しているものがたくさんあるということです。

一方のアセノスフェア（Asthenosphere）は、リソスフェアの下にある、地震波速度が遅くなる部分です。そのため「上部マントル低速度層」（LVZ : Low velocity zone）とも呼ばれています（英語名でそのままアセノスフェアと呼んでいますが、これはうまい日本語訳がないためです）。構成物質はリソスフェアの下部と同じ上部マントルで、かんらん岩を主体としています。地震波の速度は遅くなりますが、P波もS波が通過するので液体ではありません。おそらく固体なのですが、高温のため、マントル物質があちこちで小規模に溶けた（部分溶融した）ものが分布しているのではないかと考えられます。

アセノスフェアの厚さは200km程度で、その下は「メソスフェア（Mesosphere）」と呼ばれ、かんらん岩が高圧力下で結晶構造を変えたスピネルやペロブスカイトなどの高密度のマントル物質が存在しています。

第2章　富士山はどうしてそこにあるのか

日本列島は火山と切り離せません。富士山をはじめとする日本の火山は、国土の美しい風景を作る大事な要素ですが、その上で暮らす日本人にとって恩恵とともに、大きな厄災をもたらす存在でもあります。火山は日本の歴史や文化、宗教など、さまざまな面に大きな影響を与えてきました。本章では、火山の成因から噴火様式、さらには富士山がどうしてそこに位置しているのか、なぜ美しいのかまで、多角的に火山について説明します。

火山の功罪

我々が暮らす地球は、環境の変化によって大きな影響を受けています。四季も大きな環境変化ですが、これは変化の速度がゆっくりなうえ、毎年周期的に起きるので、ある程度予測ができます。だから季節によって衣服を替えたり、越冬の準備をしたり、いろいろな対応ができます。しかし、四季以外の突発的で急激な環境変化は、我々の生活に甚大な影響を与え、場合によっては社会を破壊することもあります。そのような急激な環境変化を起こす一つの要因が火山噴火です。地球の変化のプロセスでは火山活動も定常的な作用の一つに過ぎませんが、地球上に間借りして生活している生物、特に人類には、火山噴火、火山活動は大いなる厄災です。

日本では、古代より高くそびえる山にはそれぞれ神様がいて、噴火などの火山活動は神様による何らかの怒りの現れと考えられていました。神様とは自然で、神様は人々に多くの恩恵を与えますが、同時に厄災も与えるのです。

平安時代に朝廷の権力が増すと、噴火を起こした神様に怒りを収めてもらうために、朝廷から神様に官位を授けるようになりました。叙位することで神様にご機嫌を直してもらおうとしたわけです。火山噴火の報告が地方から上がってくると、朝廷はその火山の神様に叙位を行ったわけです。従五位下《じゅごい》から始まって正二位（これが上限だったようです）まで、噴火が繰り返されるたびに、それぞれの神様の官位が上がっていきました。叙位は正史に記録されるので、朝廷の権力が全国に及んでいた平安時代は火山噴火の記録がほかの時代より多いように思えます。しかし、それはそうした事情によるものなので、実際に火山活動が活発だったのかどうかはわかりません。

大規模な火山噴火で本当に怖いのは、その周辺に噴出物をまき散らすことではありません。細粒の火山灰や微粒子などの噴出物が成層圏に入って、それが地球全体をとりまいて日傘のようになり、日射量を低下させてしまうことなのです。日射量の低下は地球全体の気温の低下を引き起こし、食料生産などに大きな影響を与え、ひいては生物の生存をも不可能にします。これを「火山の冬」と言います。

一方、火山は厄災だけでなく多くの恩恵を我々に与えてくれます。直接の恩恵は温泉や地熱発電などの火山エネルギーです。しかし、もっと大きな恩恵は、火山が呈する美しい景色です。火山は普段我々が住む平地とは異なり、火口やカルデラとそこに作られる湖、噴出した溶岩や火砕流が作る奇妙な地形など、火山噴火に伴ったさまざまな景観を生み出し、それが観光資源となるのです。

日本で最も著名なリゾート観光地である箱根には、2017年（平成29年）には日本の人口の約6分の1にあたる2152万人が、その美しい景色や温泉を楽しむために訪れました。これにより、箱根では飲食や宿泊、お土産販売、交通などの多くの産業が成り立っています。つまり、火山は観光地として人々に安息を与えるとともに、産業を興して多くの人々が働ける生活の場を与えているのです。日本では多くの観光地が火山に関連したところに立地しています。観光は我が国の経済成長の大きな柱ですが、それは火山の賜物《たまもの》なのです。

このように、火山には厄災と恩恵の二面性があります。我々が観光地を訪れてその美しい景色を眺める時、その景色は火山の噴火や大爆発という、もし人がいたら大惨事・大災害となっていたような現象の結果であることも思い出して欲しいのです。それが日本で自然と付き合って安全に暮らしていくための基礎知識であり、防災に繋がるのだと思います。

マグマと噴火、火山岩の関係

マグマの成因については第1章で少し述べました。マグマは、含まれるシリカ（SiO_2）の量によって生成される岩石や噴火時の爆発様式が異なり、それは地形の形成にも大きく影響します。ここではそれについてお話ししましょう。

マグマはプレートの沈み込みに伴って地下100km付近でマントル物質が融けることで形成されます。上昇する間にマグマは初生的なものからさまざまに変化（分化）して、構成鉱物の異なるいろいろな火山岩となって地表に噴出します。このような変化の過程を「結晶分化作用」と言います。

初成的なマグマはマントルを構成するかんらん岩が融けたもので、主成分のシリカ（SiO_2）が40～45％程度含まれています。これが上昇して火山の下にあるマグマ溜まりに貯留されます。その中では時間の経過とともに鉱物が結晶化して分離し、残ったマグマの

SiO_2成分は増加していきます。この時、ガス圧が増加するなどしてマグマの状態が変化すると、マグマは地表に噴出し、噴火が起きます。そのマグマ中のSiO_2の割合によって、噴火様式や岩石の性質が異なるというわけです。

マグマには主に三つのタイプがあります。それぞれを簡単に説明しておきましょう。

SiO_2の割合が45〜52％のマグマを「玄武岩質マグマ」と言い、高温で低粘性です。地表に噴出して急速に冷却・固化すると高密度で黒色の玄武岩という火山岩となり、地下でゆっくり固まると、結晶が成長した斑糲岩《はんれい》という深成岩になります。

ハワイのキラウェア火山が噴火する際には、マグマ（溶岩流）が地表を川のように流れていく様子がテレビなどでよく放送されます。これは粘性の低い（流動性の高い）玄武岩質マグマが噴出しているためです。映像を見ていると恐ろしくなりますが、実はこれは火山噴火の中では最も安全な部類の噴火です。粘性が低いのでマグマの中に揮発性のガス（主に水蒸気）があまり溜まらず、島が吹き飛ぶような大爆発をすることが少ないからです。そのため近くで撮影ができ、映像が残っているのです。

また、溶岩は流れやすいために山頂から麓《ふもと》まで流れ下ることも少なくありません。それが何回も繰り返されると、なめらかな斜面を持った円錐《えんすい》形の火山ができるのです。富士山や伊豆の大島、三宅島、八丈島、鹿児島の開聞岳などはこの玄武岩で構成される、美しい円錐形の山体を持つ火山です。伊豆の島々では頻繁に噴火が繰り返されましたが、縄文時代、あるいはそれ以前から現在まで人が居住し続けてきました。これは玄武岩質マグマの爆発性が低いため、噴火が起きて溶岩が流れてきても、人々は島の反対側に逃げるなどして生き延びることができたからだと思われます。

一方、SiO_2が52～66％のマグマを「安山岩質マグマ」と言います。温度と流動性は玄武岩質マグマより低くなります。地表に噴出して固まった岩石は安山岩という、灰色で緻密な火山岩となります。日本の火山溶岩の多くはこの安山岩です。箱根火山も主に安山岩で構成されますが、その溶岩は鎌倉時代から石材（小松石）として活用され、江戸城の石垣や高級な墓石に使われてきました。安山岩質マグマが地下でゆっくり固まった結晶質の岩石は閃緑《せんりょく》岩と言います。

安山岩質マグマと後に述べる流紋岩質マグマの中間的な珪酸《けいさん》成分のマグマが噴出して固まると、デイサイトという灰白色の火山岩になります。SiO_2は63～70％含まれ、アルカリ成分は多くありません。以前は石英《せきえい》安山岩と呼ばれていましたが、石英斑晶が含まれないものもあるので現在はデイサイトと呼ばれています。マグマの粘性は比較的高いので、地表に噴出する際、爆発的な噴火をせず溶岩がゆっくり盛り上がって溶岩ドームを形成することもあります。北海道壮瞥町《そうべつちょう》にある昭和新山は、1944〜45年（昭和19〜20年）に有珠《うす》山東麓の畑の中に出現したデイサイトの溶岩ドームです。

また、SiO_2が66％以上のものを「流紋岩質マグマ」と言います。低温・高粘性で密度の低い（比重の小さい）マグマです。鉄、マグネシウム、カルシウムなどの元素を含む鉱物はすでに沈殿しているので、玄武岩などに比べて相対的にカリウムやナトリウムが多くなり、固化する時、ナトリウムに富む斜長石やカリ長石が析出します。地表に出て固化した溶岩は、粘性が高いため固まる時に縞《しま》状の模様ができやすく、流紋岩という名が付いています。比重の小さい白色の岩石です。マグマが地表に噴出せず地下で固化した深成岩が花崗岩で、石材や墓石として利用されている最もポピュラーな岩石です。

流紋岩質マグマは溶岩が流れにくく、小規模な噴火では溶岩が盛り上がって溶岩ドームが作られます。

また、流紋岩質マグマはマグマ中の揮発成分のガス圧が高まって大規模噴火や大爆発を引き起こすこともあります。伊豆諸島の神津島《こうづしま》と新島《にいじま》は流紋岩の火山島で、神津島は平安時代の838年（承和5年）に、新島は838〜886年の間にそれぞれ大噴火を起こし、住民が全滅する大惨事が発生しました。このうち、神津島の噴火は新島の住民が目撃していたので朝廷に報告が上がりましたが、その後に起きた新島の噴火には目撃者がいないので、「房総半島に灰が降って動植物が被害を受けた」などの記録から時期を推定するしかありません。このように流紋岩質マグマの噴火は火山噴火の中で最も危険です。

火山はどこに生じるのか

次に、では火山はどのように形成されるのかをお話しします。

マグマが形成されるのはプレートの沈み込み帯だけではありません。プレートが形成される海嶺では、地表近くに達した高温の湧昇流によってマントルが融けて玄武岩質マグマが生じ、これによって海洋底が作られていきます。海嶺では火山活動が起き、海嶺のピーク付近（海嶺軸）に海底火山が形成されます。プレートの拡大速度が遅ければ高まった火山体ができますが、速いところでは火山体ができる前に底盤が拡がってしまうので、高まりはできず平坦な溶岩原になります。

火山が生まれるもう一つの場所は、ホットスポットと呼ばれるところです。プレートの縁ではなく普通のプレート面の上です。太平洋の中央部にあるハワイの島々やインド洋のレユニオン島、ガラパゴス島、あるいは北米大陸の上にあるイエローストーンなどがそれにあたります。

ホットスポットとは、地下深部のマントルの中に何らかの理由でマグマが形成され、それが上昇して地上に吹き出したところです。上昇流の先端にはマグマが大量に入った袋状のものがあり、それが地表に出ると、玄武岩洪水と呼ばれる膨大な量の玄武岩が噴出します。これが厚い玄武岩溶岩（厚さ50m以上）に覆われた広大な台地を作り、シベリアやインドのデカン高原にそれらが残っています。また、海底では西太平洋のオントンジャワのような広大な海底溶岩台地（海台）を作ります。

地表に噴出した火山は、プレートの動きとともにホットスポットから移動して離れていきます。マグマの噴き出し口は動かないので、ちょうど回転寿司で寿司が次々にベルトに載せられると、寿司の列ができて移動していくように、火山が列をなして線状に並ぶのです。これを「海山列」と言います。太平洋の西部にはたくさんの海山列が認められます。

海山列の火山のうち、活動しているのは一番端のホットスポットのところだけで、残りはもう活動しない死んだ火山です。古い火山はやがて海中に沈んでいきます。海山の下の海洋プレートは古くなるにつれ、上部マントルの岩石部分が底付けされて厚くなり、重くなって沈んでいきます。その結果、水深も深くなっていきます。

海山は海底に沈む時、波食（波による浸食）を受けて水面上の部分が平坦になった平頂海山（ギョー：Guyot）が作られます。ハワイは太平洋の中央にある火山島ですが、活動している火山は一番端（南東端）のハワイ島の、その南東端のキラウェア火山だけです。ここがホットスポットで、マントルから供給されるマグマが噴出しているのです。

そして、過去にここで生じた火山群は北西に延びる海山列を作っています。海山のいくつかに日本の歴代天皇の名称が付けられているため、「天皇海山列」と呼ばれています。海山列はプレートの運動によって列状に並んでいるので、その方向は過去の太平洋プレートの移動方向を示します。また、ハワイから離れた火山ほど形成年代は古くなります。天皇海山列はミッドウェー島の北西の桓武海山付近で列の方向が北西から北北西に変わります。これは太平洋プレートの移動方向が何らかの原因で北北西から北西に突然変化したことを示すもので、その時期は海山の岩石の年代測定から約４０００万年前のことだと考えられます（図２－１、図２－２）。

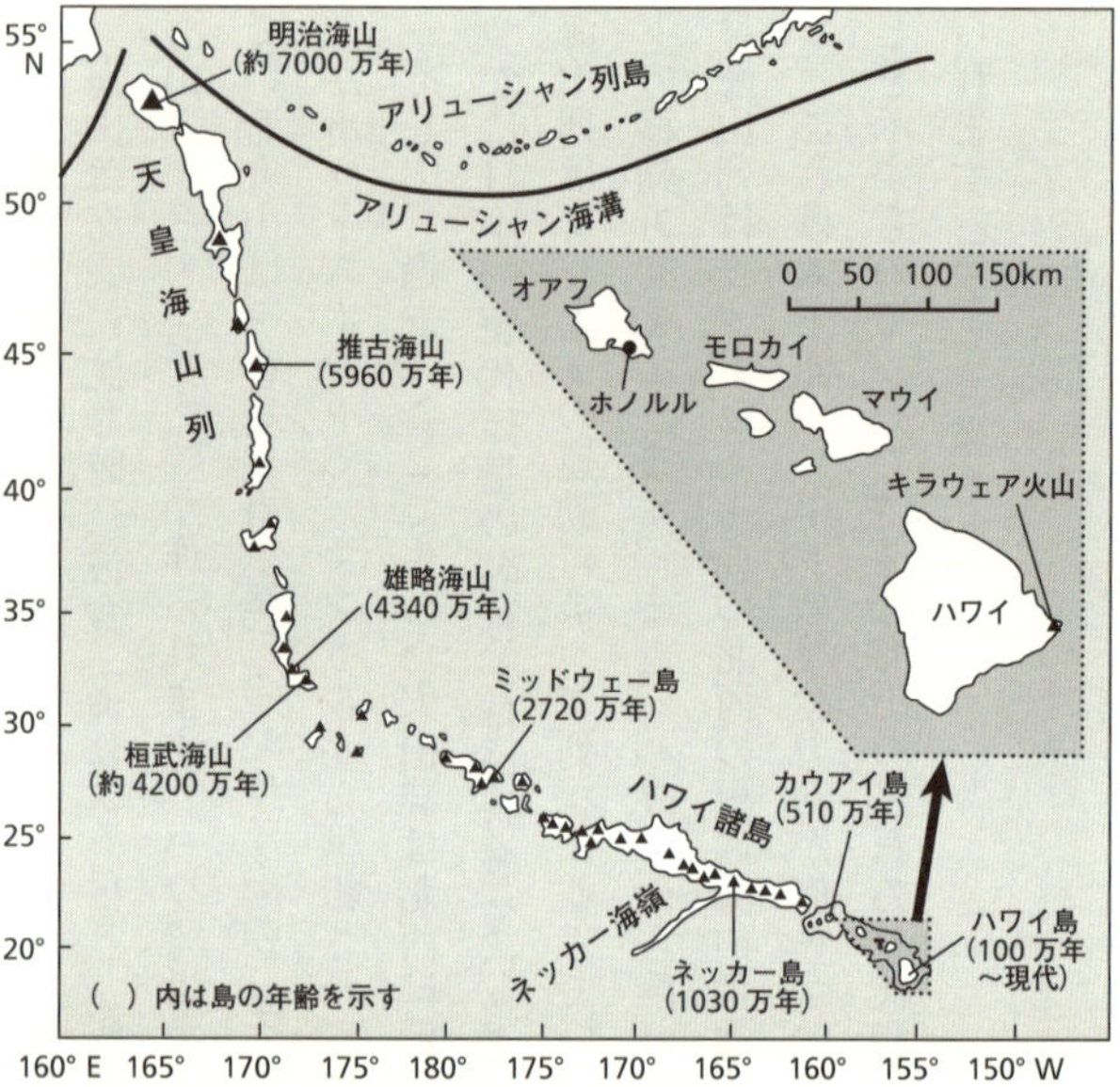

図2-1　ハワイと天皇海山列

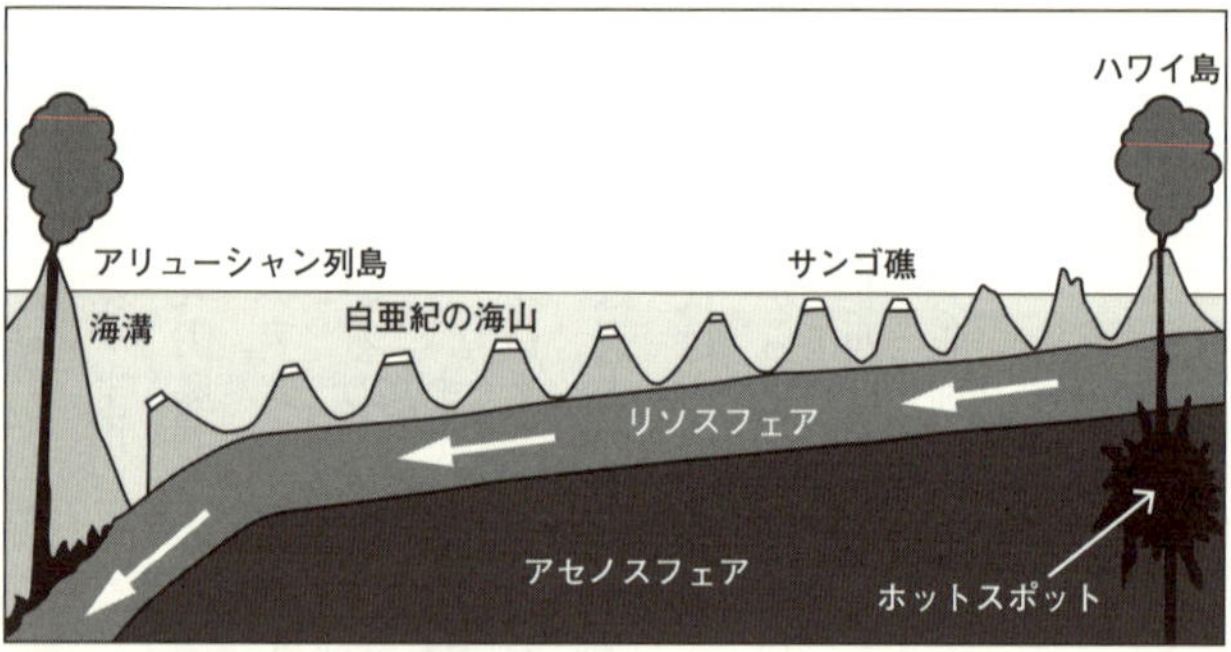

図2-2　ホットスポットと海山列の関係
死んだ火山はやがて海中に沈んでいく

「世界文化遺産」としての富士山

火山の仕組みがわかったところで、日本列島に話を戻しましょう。

富士山は日本にいる人ならば誰もが知る美しい火山で、日本の自然の象徴と考えられるものです。富士山が特に美しい理由は、他の山々とは異なるいくつかの特筆すべき特徴を備えているからだと思います。

その特徴とは、広くなだらかな裾野《すその》を四方に拡げた円錐状の美しい山容（山体の形）であること、独立峰で周囲のどこからでもその美しい景色を眺めることができること、日本の最高峰（標高3776m）で、最大の火山（火山体の体積227km³）であること、などが主要なものでしょう。そのほか、周囲に富士五湖があることも富士山の美しさを際立たせていると思います。

富士山は2013年（平成25年）6月に日本国内では13番目の世界文化遺産としてユネスコに認定・登録されました。日本の世界文化遺産は法隆寺などの神社仏閣や姫路城などの城郭が多く、宗教・文化的な遺産を重視したとはいえ富士山はやや異質のようにも思えます。また、13番目というのも、富士山の知名度からするとだいぶ遅い感じがします。

ですが、これには理由があります。当初、富士山は白神山地や知床《しれとこ》、小笠原諸島、屋久島と同じ「世界自然遺産」への登録を目指していました。ところが自然遺産として登録されるには手つかずの自然が残されていることが必要で、観光地化された富士山では、ゴミの不法投棄やそれによる環境汚染が特に問題となりました。そして、それをクリアできる見通しが立たないため、急遽《きゅうきょ》、周辺地域の富士五湖や三保の松原、宗教的な遺産などを含めて、世界文化遺産として申請をし直したのです。そのため登録時期が遅れました。

ともあれ、富士山は江戸時代に発展した富士講などの日本の山岳信仰とその文化の形成・発展にも重要な役割を果たしており、世界的にも有数の文化遺産として誇るべき高い価値を持つことは明らかだと思います。

富士山はツインピークスだった？

富士山は円錐状をしていますが、紐の両端を持ってぶら下げた時にできる「カテナリー曲線」と呼ばれる断面形を持つ緩やかな火山斜面に囲まれています。先に日本一美しい火山だと述べましたが、もう少し詳しくその特徴を見てみましょう。

一つは、火山が若いため斜面があまり浸食を受けておらず、深い谷などが形成されていないことが挙げられます。富士山は更新世末から完新世（1万7000年前以降）に頻繁に噴火を繰り返し、流動性の高い玄武岩溶岩やスコリア質の火山噴出物を火山斜面に堆積して、成層火山を成長させてきました。これらは水はけが良く、雨水や雪融け水は地表をあまり流れずに地下に浸透・伏流します。忍野《おしの》などの山麓《さんろく》の豊富な湧水・地下水は、このような伏流水が長い時間をかけて再び地表に湧き出てきたものです。水が地表を流れなければ斜面は浸食されません。現在、富士山を刻んでいる浅い谷はみな涸《か》れ沢で、豪雨時や融雪期の一時期以外ほとんど水は流れていません。そのため噴火時に形成されたなめらかな斜面が残っています。

噴火活動が弱まり休止期間が長く続くと、浸食が始まり大きな谷が形成されます。富士山の西側斜面では大沢崩れがあって大きな谷ができており、やがて火山体を切り裂くような深く大きな谷に成長するかも知れません。ここは崩壊堆積物が下流に押し出されて土砂災害になることを防ぐため、国による大規模な砂防工事が行われています。

富士山は現在活動をしていないように見えますが、歴史時代に噴火を繰り返した立派な活火山です。1707年（宝永4年）に火山体の南東斜面で噴火が起き、現在、宝永火口と呼ばれる大噴火口ができました。これは、噴出した火山灰の厚さなどから見ると、最近1万年間の中で最大の噴火だったと思われます。その前の大きな噴火は西暦1000年頃

図2-3　静岡県御殿場市の演習場近くで見られた宝永スコリア（最上部の厚い地層）と埋没した畑の畝（黒色帯の上の波形）
その下には平安時代に降下したスコリア層とそれに覆われる土壌層が見える（著者撮影）

の平安時代であり、宝永噴火は実に700年ぶりという長い休みの後の大噴火だったのです。そのため、宝永の火山灰の下には火山灰が風化した土壌層が形成され、富士山の東側にある御殿《ごてん》場《ば》付近では噴火で埋もれた畑も見つかっています（図2−3）。しかし、平安時代以前は宝永の火山灰よりずっと薄いスコリア質の火山灰層が幾層も重なり、スコリア層の間には噴火の休みを示す土壌層の形成はほとんど認められません。つまり、平安時代以前には富士山は中規模の噴火を頻繁に繰り返していたのです。それが火山斜面を覆って、凹凸を少なくしているものと思われます。

また、御殿場付近には御殿場泥流という富士山の山体の崩壊を示す厚い堆積物が埋まっています。現在の御殿場の町はちょうどこの堆積物の上に載っており、市内各地に崩壊時に岩屑流《がんせつ》によって運ばれてきた岩塊が作る流れ山が認められます。崩壊の発生時期は2900年前で、縄文時代の最末期にあたります。

この崩壊堆積物は御殿場から二手に分かれて流れています。一つは南へ流れ、箱根と愛鷹山《あしたかやま》の間にある黄瀬《きせ》川の谷に入って沼津の平野に入りました。もう一つは東へ流れ、酒《さか》匂《わ》川の谷に入って小田原の足柄平野に達して平野の環境を一変させました。崩壊物の体積は約1km^3と見積もられますが、現在の富士山にそのような大きな崩れの跡は認められません。

以前は富士山の山頂部、標高3000m以上のところが大きく崩れたものの、その跡はその後頻繁に繰り返された激しい噴火活動ですっかり埋められたと考えられていました。しかし、崩壊堆積物の岩石種を調べてみると、崩れてきたのは新富士火山の溶岩ではなく、1万7000万年前以前の古富士火山の岩屑であることがわかりました。

このことから、2900年前以前には御殿場側斜面の上部に古富士火山の噴出物からな

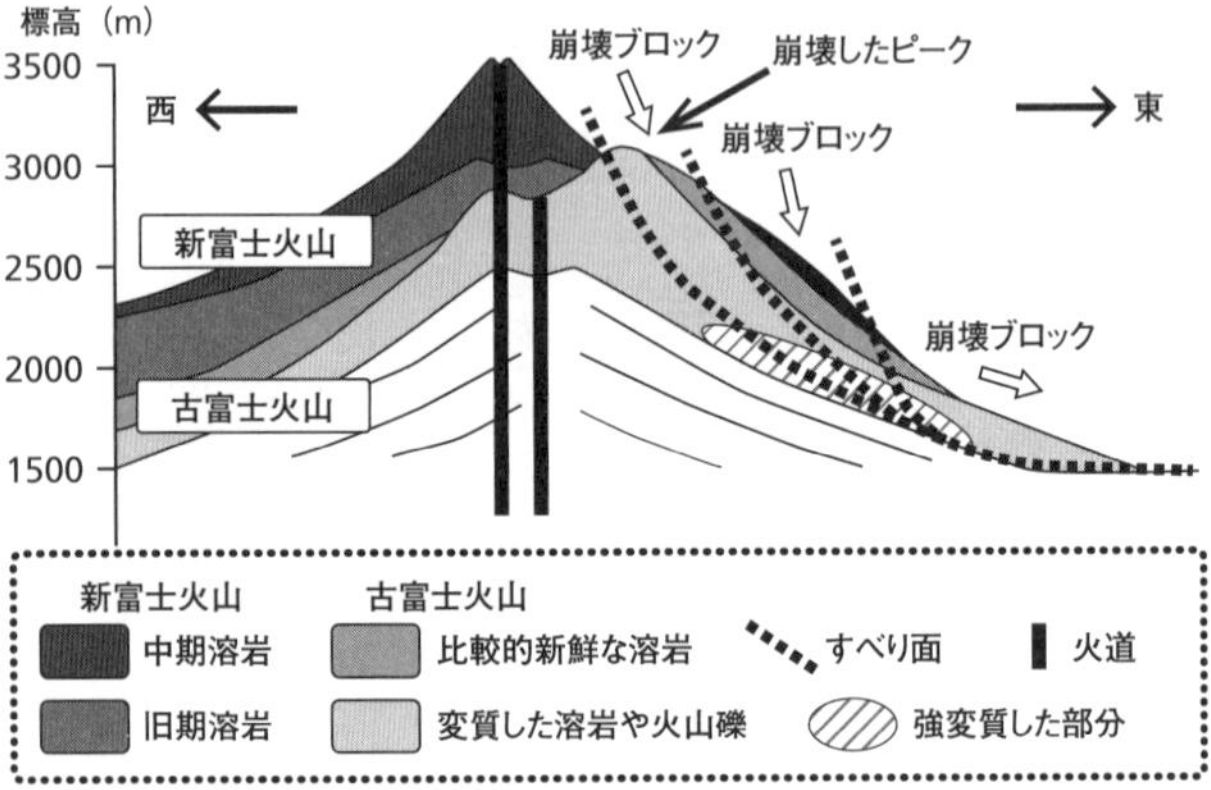

図2-4　富士山御殿場付近の2900年前以前の東西断面

る峰（ピーク）が存在していて、それが崩落して崩壊堆積物になったと考えられるようになりました。つまり、富士山は2900年前まで、円錐形の独立峰ではなく、複数の峰を持つツインピークスだったのです（図2－4）。これなら、新富士火山に崩壊跡がないことも説明できます。

こうしてみると、富士山が現在の美しい姿を見せているのは、極めて短い時間だということがわかります。富士山南西麓の星山丘陵や羽鮒《はぶな》丘陵には古富士火山由来の時代の異なる泥流堆積物が多数分布しているので、後期更新世には富士山は山体崩壊を繰り返していた可能性もあります。今の富士山からは想像できないような、大きく崩れた山容を示す時期が長く続いていたのかも知れません。

広い裾野を拡げることができた理由

富士山が美しいもう一つの理由は、広い裾野を持った大きな独立峰であることです。一般的に火山は山地など土台である基盤岩の高度が高いところに多く形成されています。これはマグマが山地を下から押し上げているためと考えられます。蔵王や十和田《とわだ》、八幡平《はちまんたい》など奥羽山脈の諸火山、焼岳《やけだけ》や乗鞍岳《のりくらだけ》、御嶽《おんたけ》などの日本アルプスの火山がその例ですが、そういうところでは広い裾野が発達しにくいのです。しかし、富士山の噴出位置は伊豆バーが本州と衝突していると見られる丹沢山地の西側で、プレート境界の沈降帯である駿河トラフの北方延長部にあります。

駿河トラフの北方延長陸域には、激しい沈降運動の場として知られる浮島ケ原という低地が存在します。ここは駿河湾の沿岸砂州と北側の愛鷹山との間に形成された低地です。3000年前に伊豆の天城山の噴火で地上に降ってきたカワゴ平軽石に埋もれており、1年に2㎜の沈降が推定されています。完新世に低湿地状態がずっと続いてきたため地盤は極めて軟弱で、数十年前までは大きな構造物の建築はおろか、水田耕作を行うのも困難な

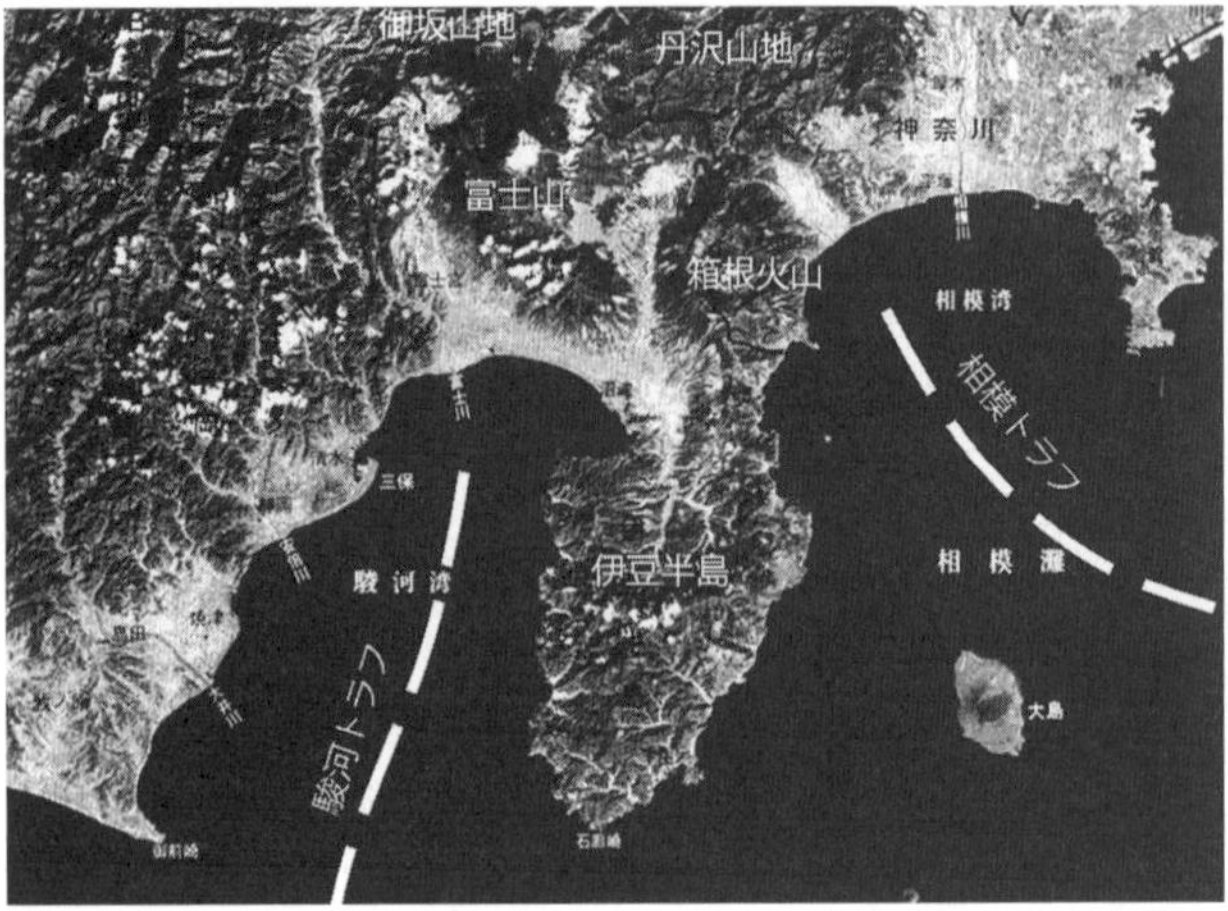

図2-5　富士山とその周辺の衛星写真図

ところがたくさんありました。そのため、沼津－富士（吉原）間の東海道は浮島ケ原を避けて沿岸砂州の上を通り、宿場である原の街も砂州の上に立地しています。東海道本線もこの砂州の上に作られましたが、戦後に作られた東海道新幹線や東名高速道路は砂州の上に用地を確保できないために、浮島ケ原を避けて北側の愛鷹山麓を通っています。富士山はこの浮島ケ原や愛鷹山の北側にあり、駿河トラフの延長部の沈降域にあたるのです。そのため、広い低地に雄大な裾野を拡げることができ、しかも、東西南北どの方向からも同じように長い裾野を広げた美しい山容が眺められるのです。昔の人はこれを「八面玲瓏《れいろう》の富士の山」と表現しました。

この場所でなければ今の富士山は生まれなかった

　富士山が日本の自然景観の象徴である理由は先に述べましたが、その土台は富士山の位置にあります。富士山の美しい山容は、現在の位置でなければ決してできませんでした。

　富士山は駿河湾の北側内陸部に位置し、南東側に箱根火山、その南には火山の並ぶ伊豆半島があります（図2－5）。この位置はプレートテクトニクス上、極めて特異です。

　少し難しい話になりますが、深く知りたい方のために詳しく説明します。第1章で説明したように、火山はプレートの沈み込みに伴って地下でマグマが生成され、それが浮力によって上昇し、地上に噴出するためにできます。火山は海溝とほぼ並行して島弧側に並んで噴出し、火山列（火山フロント）を形成します。富士山から伊豆半島、伊豆七島に続く火山列は、昔は富士火山帯と呼ばれていました。この火山列を作ったマグマは太平洋プレートが西側のユーラシアプレートやフィリピン海プレートの下に沈み込んだために形成されたものです。つまり、富士山は東北の恐山や奥羽山脈の火山群、関東の那須火山や赤城山、伊豆の天城山や伊豆諸島の火山と同様に、太平洋プレートの沈み込みで形成された火山フロントの一部を構成する火山なのです。

一方、伊豆半島を含むフィリピン海プレートの東端部は、太平洋プレートの沈み込みによる島弧の火山活動により、通常の海洋プレートより厚い火山性の地殻が形成され、先にも述べた伊豆バーと呼ばれる海底の高まりが作られています。フィリピン海プレートは北西方向に移動しており、南海トラフで本州（ユーラシアプレート）の下に沈み込んでいます。そのため伊豆バーも北西に進んでいるのですが、先に触れたように普通の海洋プレートに比べて伊豆バーは火山性地殻が厚いぶん、沈み込み口である海溝で沈み込みにくく、結果として海溝を北に押し曲げます。そのため東北東方向に延びる南海トラフが伊豆の近くで北北東方向に向きを変えて駿河トラフになり、伊豆を挟んだ東側では北西方向に延びる相模トラフとして現れています。結果として、伊豆を挟んだハの字型の沈み込み境界が形成されているのです。

伊豆の北側では駿河トラフと相模トラフを繋ぐプレート沈み込み境界は陸上を通り、おそらく、相模湾（相模トラフ）から足柄平野、丹沢山地と箱根火山の間を経て富士山の下、さらに駿河湾（駿河トラフ）に続いていると思われます。ここが陸上になっているのは、最初は島だった伊豆半島が約１００万年前に本州と接触したためです。これを「伊豆の衝

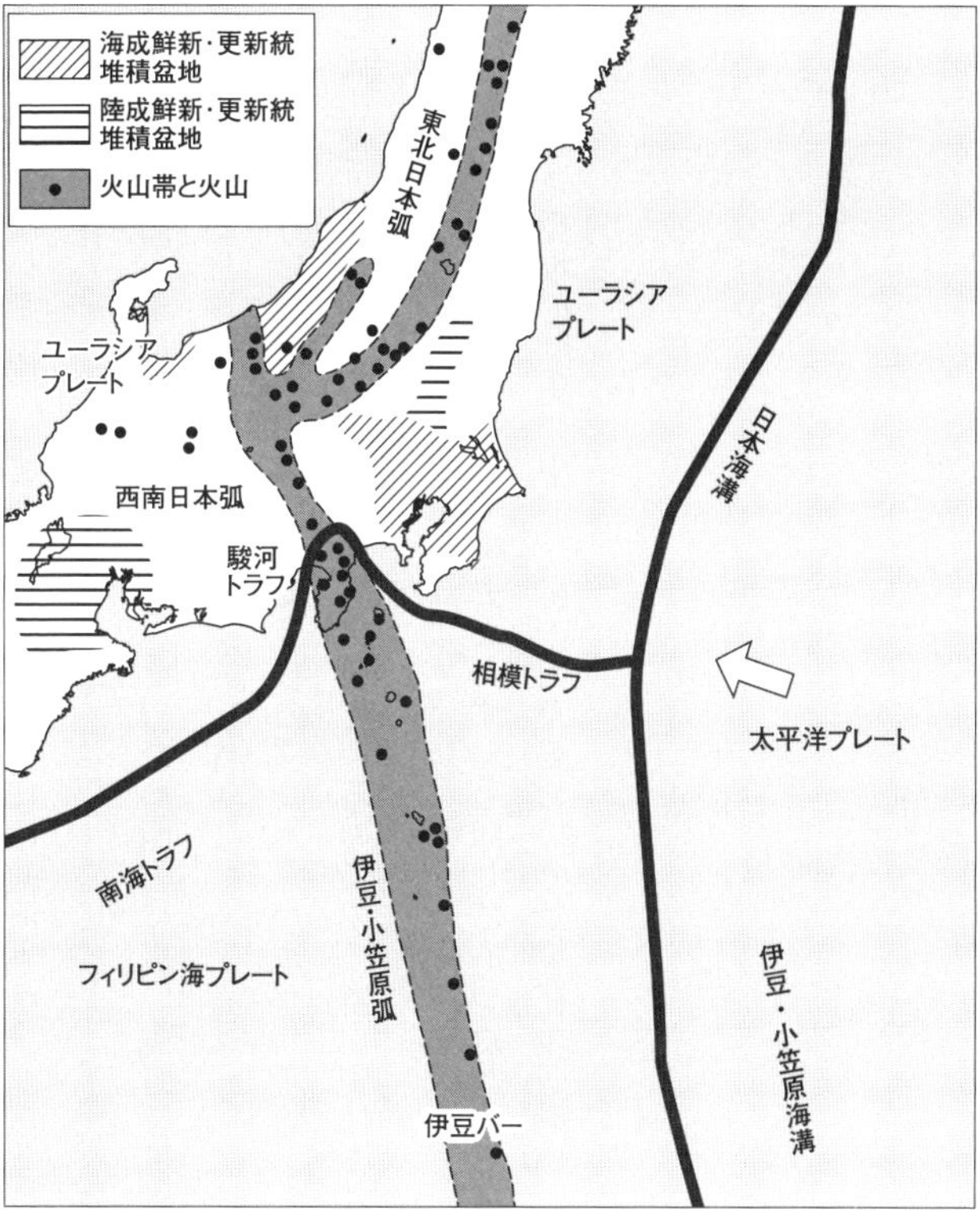

図2-6　3枚のプレートと火山フロント
太平洋プレートの沈み込みによって形成された火山フロントは、伊豆諸島から奥羽山脈まで続いている

突」と呼んでいます。つまり、富士山の下には駿河トラフから北に延びるプレート沈み込み境界が存在していると考えられます。富士山はプレート収束帯の沈降域に噴出したため、付近に高い山地がありません。そのため四方に広い裾野を拡げることができ、それが独立峰として日本一雄大で美しい山容を作っていると考えられます(図2-5、2-6)。

以上のように、富士山は陸上で3枚のプレートが重なり合い、その結果、プレート境界と火山帯とが交差するところに噴出しているのです。富士山はまさに世界に二つとない不二の山なのです。

しかし、この美しい姿も、過去からずっと同じであったわけではありません。激しく変化し続ける環境の歴史の中で、富士山が美しいのは現在の一瞬であることも忘れないでください。

第3章 火山噴出物は何を語るか

本章では日本における火山灰に関する研究についてお話ししながら、関東ローム層や九州のシラス台地などについて具体的に見ていきたいと思います。

火山研究というと、噴火口から流れ出る溶岩など、山体を作る硬い岩石、そしてその岩石を作ったマグマの研究が主流をなしていました。私たち研究者はその火山が噴き飛ばした火山灰などの火山噴出物に注目して研究を行ってきましたが、これまで多くの人たちからは火山灰なんて火山のホコリや塵《ちり》に過ぎないと思われていました。しかし、近年の各種分析技術の向上や絶対年代測定技術の開発などを背景に、火山灰（火山噴出物）の研究は地質学や地形学のみならず、地球環境変遷史や考古学など、多くの分野から有効な研究手段として注目されるようになっています。

火山噴出物は火山からかなり遠くにまで分布し、他の地層に挟み込まれたり、地表の地形面を覆ったりします。これが地層の堆積時期や地形の形成時期に関する精密な情報を与えてくれるので、火山噴出物は地形のでき方をさぐる研究の中では最も頼りになる「情報提供者」なのです。

火山灰を使って地形をさぐる

私は1970年に東京都立大学（現首都大学東京、2020年4月から名称が再び東京都立大学になります）の理学部地理学科に入学しました。

「え?!　地理は社会科だから文学部じゃないの？」と思われる方も多いと思います。高等学校で学ぶ地理は、人文地理と呼ばれる地域と人間生活の関係を学ぶ分野が中心で、社会科の一つになっています。しかし、地理には実はもう一つ自然地理という、地形や気候など自然条件と地域の関係を勉強する分野もあるのです。最近は大学再編でだいぶ減りましたが、東日本の国公立大学には、理学部や理学系の学部に地理を扱う学科が多くありました。一方、西日本には地理を文学部で扱う大学が多くあります。

これは、日本の大学に地理学科ができた時の事情が関係しています。日本では東京大学に最初に地理を扱う学科（正確には専攻ですが）ができました。これは地質学の教授だった山崎直方《なおまさ》という人が、ドイツに留学して氷河地形を学び帰国した後、地質学教室から分かれて設立したものです。ですから東大理学部には「地学科」という学科があって、その中で地質鉱物学専攻と地理学専攻に分かれていました。ほかの大学もこれにならい、東北大学、東京教育大学、東京都立大学などでは理学部の中に地理を扱う学科や専攻が作られました。

このような学科では自然地理の地形学や気候学を中心とした研究・教育システムが作られていました。もちろん人間との関係も重要ですが、それを研究するためにも地形や気候が作られる自然の原理についての研究が盛んに行われたのです。

私の入学した東京都立大学では、地形発達史、つまり、地表に見られる地形はどのような変遷を経て現在の姿になったのかを研究していた貝塚爽平先生と町田洋先生がいて、地球の気候・環境変化やプレートテクトニクスと地形発達の関係、あるいは火山灰を使った地形形成史の研究を行っていました。私も学部生の時、門前の小僧で、地形がどのように形成されていくのかにたいへん興味を持っていたので、地形・地質学研究室で地形発達史の卒業論文を指導してもらいました。

火山灰を使って地形や地質の年代を求める研究を、「火山灰編年学（テフロクロノロジー）」と言います。「クロノロジー」とは「編年学」のことで、地層に新旧を付けてその年代（時期）を明らかにしていく学問のことです。「テフロ」とはテフラが語尾変化したもので、テフラとはギリシャ語で「火山噴出物」の総称です。ただし、同じ火山噴出物でも溶岩はテフラの中に含まれません。ですからテフロクロノロジーとは、軟らかい火山噴出物を対象とする科学です。

テフロクロノロジーの原理は簡単です。地層が重なっている場合、下の地層より必ず古いものになります。これを地質学では「地層累重《るいじゅう》の法則」と言います。火山灰などの火山噴出物は雪のように空から降ってきて地表面に堆積します。平坦な土地では古いものの上に新しい火山灰が積み重なっていきます。火山灰だけでなく、大陸から飛んでくる黄砂（レス）なども、量はわずかですが同じように堆積します。

こうしたことから、いわゆる「赤土」と呼ばれるローム層は徐々に堆積していきます（通常火山灰は白っぽいものを想像されるかもしれませんが、富士山の玄武岩質火山灰は多くの鉄分を含んでいるので、酸化して赤くなるのです）。しかし時折、周辺、特に西側にある火山が後述するプリニー式噴火のような爆発的噴火をすると、通常の火山灰とは異なる軽石などが降ってきて層状に堆積します。遠い火山なら細かなガラス質の火山灰が降ってきて、通常のローム層に挟まれます。このような特徴的な地層は「鍵層」と呼ばれ、その特徴を詳しく調べると遠隔地との対比や年代測定、編年などに利用できます。

例えば段丘では、河床として川の水が流れている時には、火山灰が降ってきても流されてしまいます。しかし、干上がるとその上に火山灰が堆積していきます。浸食されるとなくなりますが、残っているところにはその上にまた新たな火山灰層が載っていきます。古

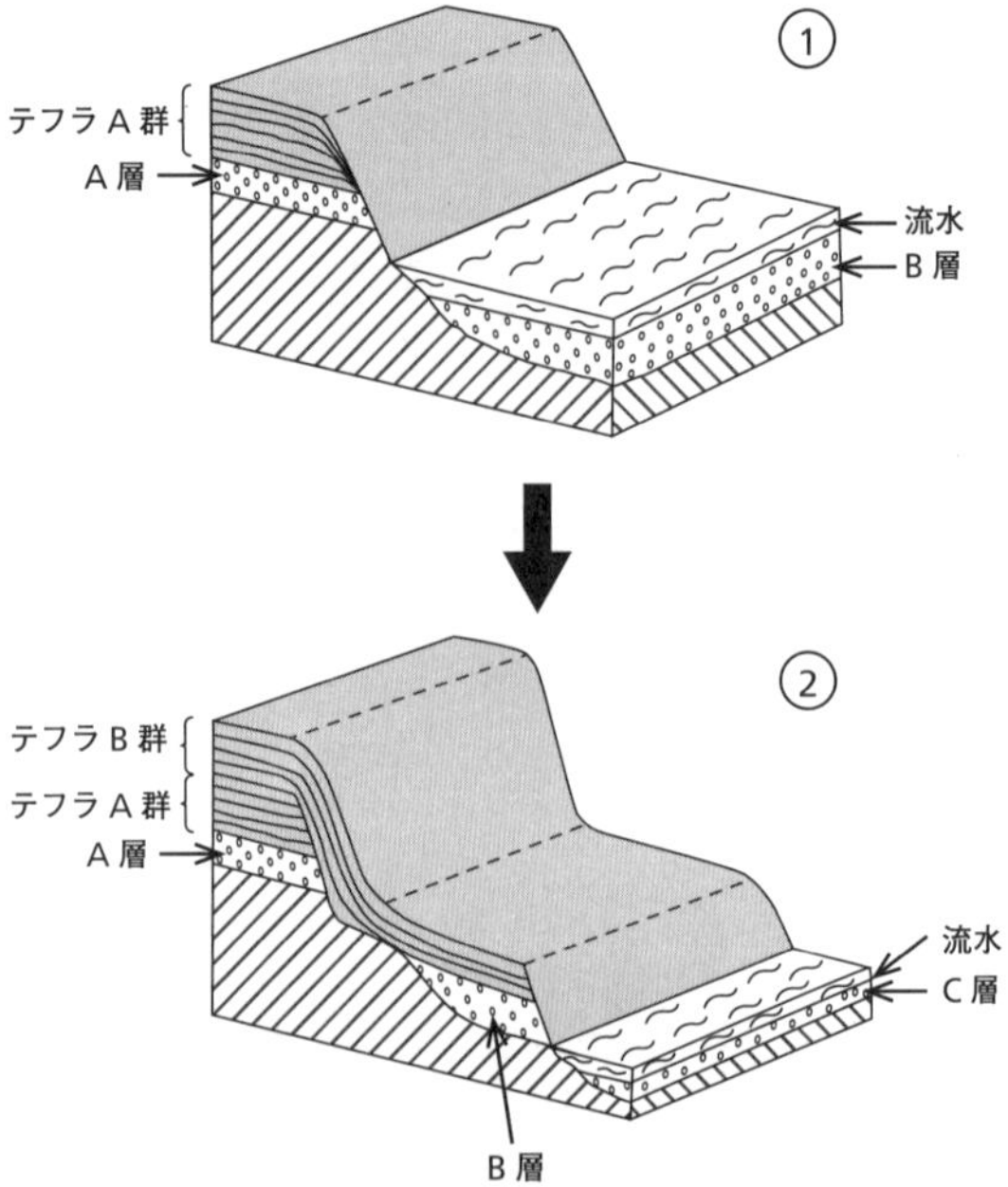

図3-1　段丘の形成とそれを覆うローム層
水の流れる川には火山灰は堆積しないが、段丘化すると堆積が始まる。古い段丘の上にも火山灰は堆積するので、火山灰の層厚は古い地形面ほど厚くなる

い地形面には火山灰が風化した厚いローム層が載っており、新しい地形面の上には新しい薄いローム層しか載っていません（図3－1）。これによって高い段丘ほど古いという段丘の高度のほかに、ローム層の厚さの比較からも段丘の新旧をうかがい知ることができます。さらにこのローム層の堆積時に

鍵層の降下があれば、それを手がかりに段丘面の形成時期を判定することができるのです。

関東ローム層はいかにできたか

関東ローム（赤土）層が火山の噴出物であることは小学生のころから知っていましたが、それがどんな意味を持つのか、なんてことは全く考えたことがありませんでした。地形発達史の研究では、この赤土が重要な意味を持ってくるのです。ローム層があるところはないところよりも多くのデータが得られるのでずっと研究しやすく、精度も格段に高まります。

私が関東ローム層の研究に触れたのは、大学1・2年生の時、同じ学科の先輩に誘われて丹沢の道志川流域の調査に参加した時です。都立大学では、前年まで大学紛争で授業ができないことなどがあり、地理の学生たちが自主ゼミを作って野外調査をしていました。ゼミでは大学院生がリーダーになって、月に1回ほどの頻度で道志川流域の河岸段丘を調査していました。新入生は調査といってもみんなについて歩くだけですが、道路の切り割りに露出している地層を見たり、山道ではない沢を登ったりと、それまでしたことのない経験をして、野外調査がおもしろくなりました。

当時、埼玉大学の堀口万吉氏による『日曜の地学――埼玉の地質をめぐって』という本が出版されました。この本で扱われているのは埼玉県内だけですが、地層の露出地点をハイキングのように巡るルートが示され、それぞれの地点での地質解説が記されていました。我々はこれを手に、秩父や寄居《よりい》、飯能《はんのう》などに出かけました。古い岩石から新しいローム層まで、いろいろな地層に触れることができ、今考えるとこれがたいへん勉強になったと思います。実は大学の野外実習科目だけでは、都会育ちの子どもが山の中の道なき道を歩き、地形や地質のデータを集められるようにはとてもなれません。現在、大学や研究所を含めた地質学関連の業界では、フィールドワーク（野外調査）のできる若い人材が枯渇していることが大きな問題ですが、その原因は学生たちに指示待ち人間が増えて、あまり自発的に野外調査や研究活動をしなくなったことにあるのかも知れません。

道志川の調査では段丘礫層を覆う、厚さ十数mの関東ローム層を観察しました。少し風化して色は茶色くなっていますが、粘土化はあまり進んでいないので、富士山が噴出した玄武岩質の火山砂～軽石であるスコリアの黒い粒もよくわかります。関東ローム層は東京でも台地の縁などに露出があったのでよく見ていました。「ローム」とはもともと土壌の種類を示す言葉ですし、東京でこれは火山灰が積もったものだと言われても、なかなか実感が湧きませんでした。だって、赤土にしか見えないのですから。

しかし、道志川で見た関東ローム層は、火山噴出物（火山灰）ということがよくわかる、層状の厚いスコリア層が挟まれた、黒色の砂が風化しかけたものでした。丹沢山地の西側に富士山があるので、富士山から噴出した火山灰（灰ではなくてスコリア質の砂ですが）は西風に流されて火山の東側、つまり丹沢山地に降下します。斜面に降下・堆積したものはすぐに沢に落ちて流れます。しかし、昔の河床である段丘面の上は平坦なので、降ってきた火山灰はその上に平らに堆積します。噴火が繰り返されて、どんどん厚く積もっていくのです。

こうして、東京付近の関東ローム層は、丹沢の厚い火山灰層と同じものが富士山から離れるにつれて細粒化し、それが風化したものであることが実感として理解できました。

道志川ではその厚い火山灰層の中に、スコリア層とは全く異なる、厚さ5㎝ほどの黄白色の細粒な地層が挟まっていました。先輩の解説によると、これは丹沢パミス（パミスとは「軽石」のこと）という軽石の風化した火山灰層であるとのことでした。褐色のスコリア質火山灰の中で、この黄粉のような黄色い地層は目立っていました。当時、この黄色い火山灰層は富士山から飛んできたのだろうと考えられていました。というのは、富士山は

1707年の宝永噴火の際に、最初に白色の軽石を噴出し、その後、大量の発泡した黒色砂（スコリア）を噴出したからです。

しかし、都立大学の町田先生はこの黄色い丹沢パミスを富士山よりさらに西へ追跡し、とうとう九州まで追いかけて、南九州の至るところに分布する「シラス」と同じものであることを確かめました。そしてこの火山灰を「姶良《あいら》－丹沢火山灰（テフラ。略称はAT）」と名付けたのです。

シラスとは九州南部に広く分布する軽石質の厚い砂層のことです。「シラス台地」という九州の地形をご存じの方も多いでしょう。これは巨大火砕流の堆積物で、カルデラ噴火の際に地下のマグマが発泡して軽石ができ、それが地表に噴出して流れ出し、南九州地域を覆い尽くして堆積したものです。マグマが火砕流として全て噴出すると、地下のマグマ溜まりが空になり、上部が陥没してカルデラができるのです。火口も同じようなものですが、火口は直径が2㎞を超えるものはほとんどありません。ですから見かけで区分する時は直径が2㎞以上の陥没地をカルデラ、それ以下のものを火口と呼んでいます。カルデラは、巨大なものは阿蘇カルデラのように直径が数十㎞に及ぶものもあります。

九州のシラスの場合、カルデラは現在の鹿児島県の錦江湾に形成されました。標高の低い地域で噴火が起こったため、カルデラ内に海水が入ってカルデラ内部が水没したのです。現在の錦江湾は急崖に囲まれていますが、それがカルデラ壁と考えられています。現在活火山として知られている桜島はカルデラ形成後、その縁に噴出した火山です。このカルデラは周辺地域の地名をとって「姶良カルデラ」と呼ばれています。

噴出時期は、噴出物中に含まれる木片などの放射性炭素年代測定（14C年代測定）によって求められているのですが、技術の進歩によってシラスの噴出年代値は過去の研究からどんどん変わってきました。測定が始まったころは2万1000年前と言われていましたが、研究が進むたびに2万5000年前、2万8000年前と次々と更新され、現在は精密な年代測定によって3万年前とされています。

プリニウスの名が付いた噴火様式

「姶良－丹沢火山灰（AT）」の発見は、火山噴火には噴出物を全国的な規模でまき散らす大規模なものがあることを明らかにしました。このような噴出物は「広域テフラ」と呼ばれています。その噴出物はごく短い時間に全国に降下したわけですから、これは地層中に明確な時間面（「同時間面」と言います）を残します。広域テフラによって作られる同時間面は、堆積物の年代・時期を推定できるだけでなく、遠隔地間の地層の対比や編年、環境条件の比較などにも利用できる、地質学的に重要な指標です。

この広域テフラをもたらすような大規模噴火は、「プリニー式噴火」と呼ばれています。噴火は目撃者の証言があまりありません。噴火を見ていた人はたいてい火砕流に巻き込まれて死んでしまうからです。しかし、古代にこのタイプの噴火を目撃して記述していた人がいました。それが古代ローマの著述家、小プリニウス（西暦61〜112年）という人です。

小プリニウスは西暦79年8月24日、イタリア・ナポリ近くのヴェスヴィオ火山が噴火した時、ナポリ湾の北西岸にあるローマ海軍の軍港ミセヌムにいました。伯父の博物学者で軍人でもある大プリニウスが艦隊の司令官だったのです。噴火が始まると大プリニウスは友人の救出と噴火の様子を知るために、ガレー船でナポリ湾を渡って火山の麓のスタビアエに上陸しました。これに小プリニウスも同行しました。

しかし上陸したものの、激しい噴火の中で大プリニウスは死亡してしまいました。火山ガスのためとも言われています。小プリニウスは友人の歴史学者タキトゥスの求めに応じて、大プリニウスが死亡した状況を詳しく描写した書簡を送ったのです。これに噴火の状況が詳しく記載されていたため、後世においてヴェスヴィオ火山の活動解明に役立ちました。このため、この噴火様式にプリニウスの名を採ったプリニー式噴火という名称が付けられたのです。

ちなみに、この時噴出した軽石と火砕流によって、火山の南東にあったポンペイの街は埋没し、1748年に遺跡が発見されるまで地面の下に埋もれていました。

プリニー式噴火は、まず地下からガスがジェットエンジンの排気のように地上に吹き出します。やがてそれは岩片や軽石、火山灰と気体の混じった巨大な柱（噴煙柱）に成長し、高さは成層圏（10km）にまで達することもあります。そして強い偏西風の影響で噴煙柱の最上部は風下側に流され、プリニウスの記述にあるような「まるで松の木が巨大な幹を上に向かって伸ばし、小枝を空に広げたような形の雲」が拡がります。この雲からは岩片や軽石など重いものから順に、火山の風下、つまり東側に落下していきます。このため、軽石などの火山噴出物の分布範囲は火口の東側に楕円《だえん》形に拡がり、降下した噴出物の粒径や厚さなどは火口から離れるにつれて級数的に減少していきます。このような噴火を「爆発的噴火」と言います。

火口からのガスの噴出が弱まってくれば、噴煙柱は徐々に小さくなっていき、火山の東側に軽石層が堆積します。これがプリニー式噴火による軽石の降下です。

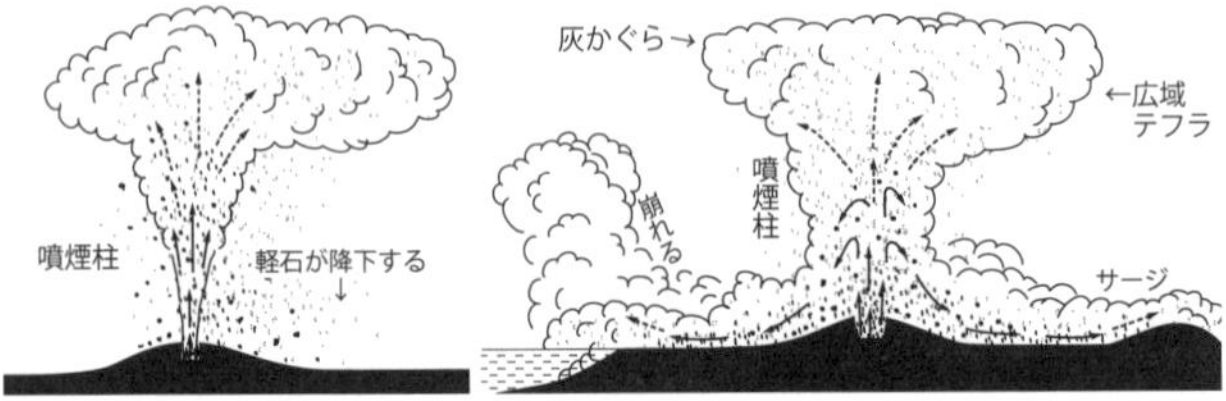

図3-2　プリニー式噴火(左)と噴煙柱が倒れ火砕流が噴出する様子(右)

しかし、この時噴煙柱が巨大に成長しすぎると、噴煙柱の重さをガス噴出で支えられなくなって、噴煙柱は自重で倒れ、崩壊します。すると中から軽石、火山灰、岩片が高温のガスと混じった粉体流が流出して四方に拡がります。粉体流は高温のためホバークラフトのように地表面とあまり接触せずに流れるので、遠方まで到達します。これが軽石質の火砕流で、これによって地表に堆積したものが九州のシラス堆積物なのです。

また、噴煙柱が倒れる時、火砕流と分かれて上方に細粒の火山灰などからなる灰神楽《はいかぐら》が舞い上がります。これが上空の西風によって東に運ばれ、やがて地表に降下して堆積します。これが丹沢に認められた姶良－丹沢火山灰の正体です(図3－2)。

関東地方に堆積した火山噴出物

東京付近の関東ローム層の中には、姶良－丹沢火山灰以外にもこのようなプリニー式噴火の噴出物が認められます。それは地表下5mほどのところにある東京軽石層です。

東京軽石層は6万年前に箱根火山が大噴火を起こした時に噴出した軽石層と火砕流です。最初に軽石層が噴出・降下した後、火砕流が噴出して箱根火山周辺の山麓に堆積し、台地を作っています。軽石流の先端部は相模川を越え神奈川県横浜市内にまで達しました。この大噴火の前から箱根火山にはカルデラが存在していて、湖があったようです。この噴火でカルデラは拡大し、そのカルデラ内には中央火口丘ができました。現在の芦《あし》ノ湖は、このカルデラ内の低い部分に水が溜まってできたものです。箱根と芦ノ湖は東京に近く人気のある有名な観光地ですが、その景色が形成されるには、もしも人がいれば（当時日本列島には人はいませんでした）ものすごい災害が引き起こされたと思われる、地球のドラマがあったのです。

ちなみに、房総半島に分布する、100万〜200万年前に浅い海に堆積した「上総層群黄和田層」と呼ばれる地層には、姶良－丹沢火山灰と同じような火山ガラスが濃集した地層がたくさん認められます。これらはプリニー式噴火による火山噴出物が、海に落ちて海底に堆積したものと考えられます。堆積後すぐに砂や泥に覆われるので、堆積物の中の鍵層になります。この枚数を数えると、ある地点がプリニー式噴火の影響を受ける頻度が計算できます。

いろいろな調査資料をまとめると、大原層・黄和田層中の年代が判明している2層の鍵テフラの間の73万年間に、56層の広域に堆積したと思われる細粒な火山噴出物が認められます。この平均噴出間隔は1万3300年です。地層を扱っているとこの間隔は非常に短いのですが、実際の歴史から見るとこの数字は縄文時代以降の時間とほぼ同じです。つまり、我々の歴史は短すぎて、プリニー式噴火をほとんど経験していないのです。地層に認められる2枚の鍵層の噴出間隔よりも、我々の歴史は短いことを知っておくべきだと思います。

関東ローム層と立川断層

この火山噴出物は地形の研究において最も頼りになると本章の冒頭で述べましたが、では具体的にどう役立つのかと思われる方もいるでしょう。そこで、関東ローム層を使って活断層の存在を確かめた例をお話しします。対象は東京の西郊、武蔵野台地の立川段丘をずらしている「立川断層」です（図3－3）。

1974年ごろ、立川段丘の上にある緩い坂が活断層ではないかという疑いが出まし

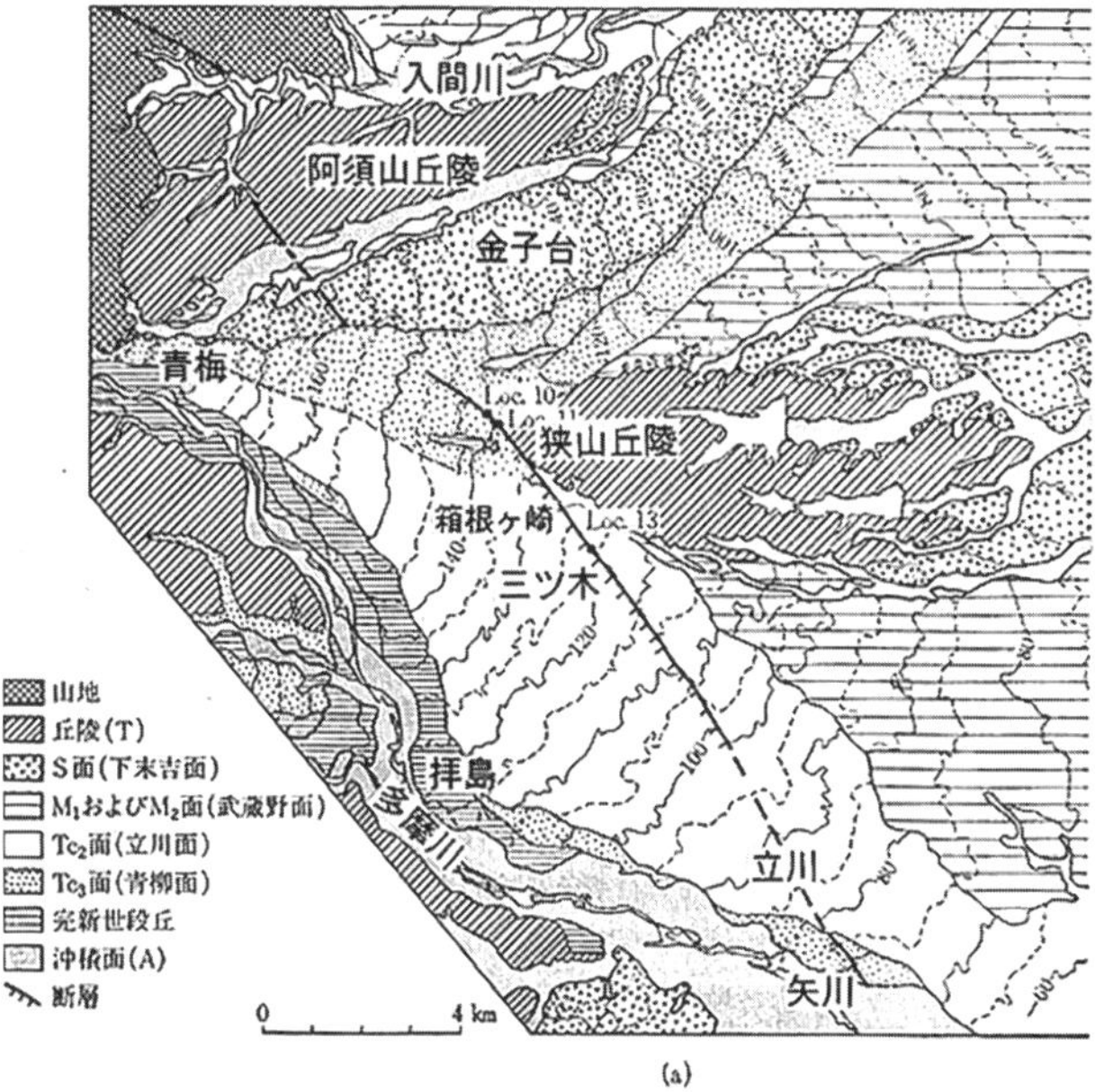

図3-3　立川断層位置図

た。それまでは立川1面と立川2面の間の段丘崖と思われていましたが、異常に直線的であることから、空中写真で活断層を調べていた人からそのような疑いが出たのです。活断層の存在は確認されていなかったのですが、「立川断層」という名称も付けられました。

　ここから少し私自身の話になります。その時、東京都立大学の貝塚先生は東京都防災会議の専門委員をしていたのですが、私が4年生の終わりごろのある日、貝塚先生に呼ばれて研究室に行くと「今、立川断層の有無が問題になっている。君は大学院修士の研究でそれをやってみなさい」と言われ、修士論文の研究テーマが決まりました。研究の目的は立川断層の存在を確認し、活断層の特徴や活動性を明らかにすることです。

しかし、どのように明らかにするかは自分で考えなければなりません。立川断層は段丘上の緩い坂なので、周辺には地層の断面が観察できるところ（露頭）などは全くありません。それまでの活断層研究者の研究を見てみると、中央構造線など地質断層の存在が明らかなところで、横ずれ地形などを見いだして活断層の存在を指摘しているものばかりでした。断層の存在が全く知られていないところで、どうやって断層だと証明すれば良いのかを毎日考えました。

その時思いついたのは、「もし段丘崖なら上の面と下の面で形成時期が違うから、上に載る関東ローム層の厚さが違うはず。一方、断層運動で川が干上がって段丘面ができた後に生じた段差なら、ローム層の厚さは上の面と下の面で同じになるはず」ということでした。

この仮説を一本の藁《わら》のように思いながら、立川段丘上のローム層の調査を始めました。

当時、東京の西部の台地では低層のマンション工事があちこちで始められていました。4〜5階建てのマンションなので、礫層までローム層を掘って、そこに建物の土台を作るという工法だったようです。そのため工事現場ではローム層の断面がよく見えました。あちこちの工事現場に入れてもらって、関東ローム層の試料を採取しました。これは町田先生が発見した姶良−丹沢火山灰があればよい時間指標になると思ったからです。

でもそう簡単にはいきません。立川2面は形成が3万年前より新しいので姶良−丹沢火山灰は載っていませんでした。また、ローム層の厚さを測るといっても礫層の上は凹凸《おうとつ》が激しく、近くの地点同士でもローム層の厚さは大きく変化してしまうのです。

困ってあちこち工事現場の露頭を観察していたのですが、羽村の砂利採取場でローム層の断面を見てひらめきました。そこは幅10m、深さ4mくらいの露頭で、下に礫層があり、それをローム層と黒土が覆っていました（図3−4）。黒土の上面は真っ平らです。しかし、ローム層の下の礫層上面は凹凸で、10mくらいの間でも1m以上の起伏がありました。黒土と礫の間のローム層はこの露頭の中だけでも厚さが1m以上変化します。しかし、よく見るとクラック（乾燥による亀裂）の入り方が上部と下部で異なります。それに下部のローム層は礫層上面の窪地《くぼち》を埋めているように見えました。

図3-4　東京都羽村市にあった砂利採取場の露頭
当時は産廃処理場になっていた（著者撮影）

試料を採取して大学の実験室で粘土分を洗い流すと、下部のローム層には砂がたくさん入っているのに、上部のローム層は火山灰に含まれているものと同じ造岩鉱物だけでした。このことから、上部のローム層はテフラが降下・堆積したもの、下部のローム層は洪水で流されてきた火山灰混じりの洪水性の堆積物（フラッドローム）だったことがわかりました。上部のローム層と下部のローム層の境は黒土の上面と同じく真っ平らです。つまり段丘面の平坦さはこのフラッドロームが作っていたのです。

また、上部のローム層の試料を洗浄して鉱物を顕微鏡で観察していたら、ATとは異なる火山ガラスの濃集ゾーンが見つかりました。これを「立川上部ガラス質火山灰（ＵＧ）」と名付けました。この火山ガラスはローム層の中で上下にかなり散らばって分布していました。これはガラス質火山灰が降下した後、そこに生えた植物の根がローム層を耕した結果、散らばってしまったのだと思い、分布のピークのところに火山灰の降下があったと考え、そこを火山灰の降下層準としました。

これでロームの厚さを測る指標ができたので、断層といわれる坂の両側のいろいろな地点で、フラッドローム上限からＵＧの降灰層準までの厚さを測ってみました。すると、立川2面と立川3面とでは明らかに厚さの違いが認められましたが、立川断層といわれる緩い坂の両側では、立川2面と立川3面がともにフラッドロームからＵＧまでの厚さに違いがありませんでした。

このことから、武蔵野台地の緩い坂は、立川断層が作った「撓曲《とうきょく》」という段丘面形成後の変形地形であることがわかりました。そして、立川2面に洪水堆積物が載ってその上が平坦になった後に少なくとも1回、それから川が移動、下刻して立川3面を作ってからさらに1回以上活動していることが認められたのです。

立川断層については、その後東京都による調査が行われ、私の見解と同じような結果が得られましたが、これを再評価した国の地震調査委員会では、活動時期や再来周期、地震の規模について異なる評価が出ました。これは決着がつかないまま時間が過ぎましたが、2011年の東日本大震災の後、「立川断層が動くかも知れない」という情報が流れ、地元や東京都の要請で再調査が行われることになったのです。調査は公募により東京大学地震研究所が行いましたが、自動車工場跡地の発掘調査でコンクリート材を「破砕帯」と大宣伝する失態を犯しました。これについては第7章で顛末《てんまつ》を述べます。

日本列島の巨大噴火と人類

話を再び火山噴火に戻します。日本列島には、人類の歴史を変えてしまうような大きな火山爆発はあったのでしょうか。

実は約7300年前、縄文時代の前半で、「ヒプシサーマル」と呼ばれる完新世の気温が最も高かった時期のすぐ後のころ、南九州で大噴火が起こりました。

南九州で畑などの断面を見ると、表土に厚い黒土層が認められます。その黒土に、厚さ30㎝ほどのオレンジ色の土の層が挟まっています。地元の農家の人は、この赤い土を「アカホヤ」と呼んでいます。このアカホヤは、実は火山噴出物のテフラです。火山の爆発によって噴出した火砕流（幸屋火砕流）のなれの果てのガラス質火山灰層で、「鬼界《きかい》アカホヤ火山灰層（K－Ah）」と呼ばれています。この火砕流は、追跡していくと薩摩半島の南約50㎞、屋久島との中間地点の海中にある鬼界カルデラから約7300年前に噴出したものでした。

鬼界カルデラは深さ400mほどの海の中にある、径25㎞×15㎞の楕円形をした巨大な窪みで、その端は薩摩硫黄島という島になって海上に顔を出しています。この島は『平家物語』に出てくる、平清盛追討の相談をしたという僧侶の俊寛が流刑になった鬼界ヶ島といわれていますが、ほかにも候補の島があり、本当のところはよくわかっていません。

鬼界カルデラから噴出した火砕流とアカホヤ火山灰層の総体積は150㎦と、非常に大規模です。海の中から噴出した火砕流はホバークラフトのように海の上を渡り、薩摩半島や大隅半島などの南九州地域を襲いました。

これらの地域でアカホヤ火山灰層の上下の地層に埋もれている考古遺物を調べてみると、石器や土器の様式が全く異なることがわかりました。アカホヤ火山灰より下の黒土層からは、丸ノミ型石斧《せきふ》という丸木舟を作るのに適した磨製石器を持つ縄文文化（台湾、琉球方面から続く南方海洋系の文化）が認められる一方、アカホヤ以後の地層からは、北方系の石器や土器が出土します。このことは、鬼界カルデラの噴火によって南九州地域に発展していた南方系の文化が消滅し、少し時間をおいて北方から新しい文化が入ってきたことを示すものと思われます。火山噴火は、このように人類の文化・文明を一瞬にして消滅させてしまうものなのです。

アカホヤ噴火は後氷期の温暖のピークに近い時期に発生し、規模も特別に大きかったわけではないので、地球環境への被害は限定的だったのかも知れません。もう少し規模が大きかったり、日射量の弱まる時期だったりしたら、急激な気候変化を導いていたかも知れません。火山の巨大噴火は人類にとってその生存を脅かす、最も恐ろしいものなのです。

現在の日本では、このような巨大火砕流噴火は防災の対象になっていません。被害が大きすぎて防災対応ができないからです。自然災害が起きるとすぐに「警報を出したのか」といった批判や、予知できなかったことへの責任論が出てきますが、自然にはまだ、我々人類の力では対応できないものがたくさんあることを認識する必要があると私は思います。

第4章 リアス海岸はどうしてできるのか

リアス海岸の厄災と恩恵

リアス（式）海岸という言葉を聞いたことがあると思います。細長い湾がいくつも入った、ノコギリの刃のような出入りの激しい海岸のことです。砂丘などと同じように日本人が最もよく知っている地形用語の一つだと思います。小・中学校の教科書などで取り上げられているからですが、なぜ教科書に載っているかというと、津波災害と関係しているからです。リアス海岸は、津波が押し寄せてくると狭くなった湾奥に水が集中して波の高さが増します。お風呂の中で波を起こすと、四隅で波の高さが増すのと同じ原理です。そのため、そこにある集落は通常の海面よりかなり高いところに位置していても、被害を受けやすいのです。

日本列島の中で特に東北地方の太平洋沿岸は歴史上何回も大津波に襲われ、リアス海岸の発達する三陸地方はいつも大きな被害を受けてきました。明治以降では１８９６年（明治29年）の明治三陸津波、１９３３年（昭和8年）の昭和三陸津波、１９６０年（昭和35年）のチリ地震津波、そして記憶に新しい、２０１１年（平成23年）の東北地方太平洋沖地震（災害としては東日本大震災）の津波などが挙げられます。多数の死者を出すような大災害を１２０年間に４回も被ってきたのです。そのため、三陸のリアス海岸（図４－１）は社会の注目を集め、学校教育にも反映されて誰でも知るようになったのだと思います。

リアス海岸の名称は外国の地形に由来しています。ドイツの探検家で地形学者のリヒトフォーヘンが、130年ほど前にスペイン北西部ガリシア地方の入り江の多い海岸地形に付けた地形用語です。この地域では、内陸に掘り込んだ湾（入り江）を「リア」と呼んでおり、それが多数あるので複数形で「リアス」となったのです（図4－2）。このリアス海岸はスペインだけでなく、世界中に存在しています。日本でも三陸海岸だけでなく、太平洋側では房総半島や三浦半島、伊豆半島、紀伊半島、四国西部、日本海側では能登半島や若狭《わかさ》湾、山陰海岸など、数え上げたらキリがな

図4-1　三陸地方のリアス海岸

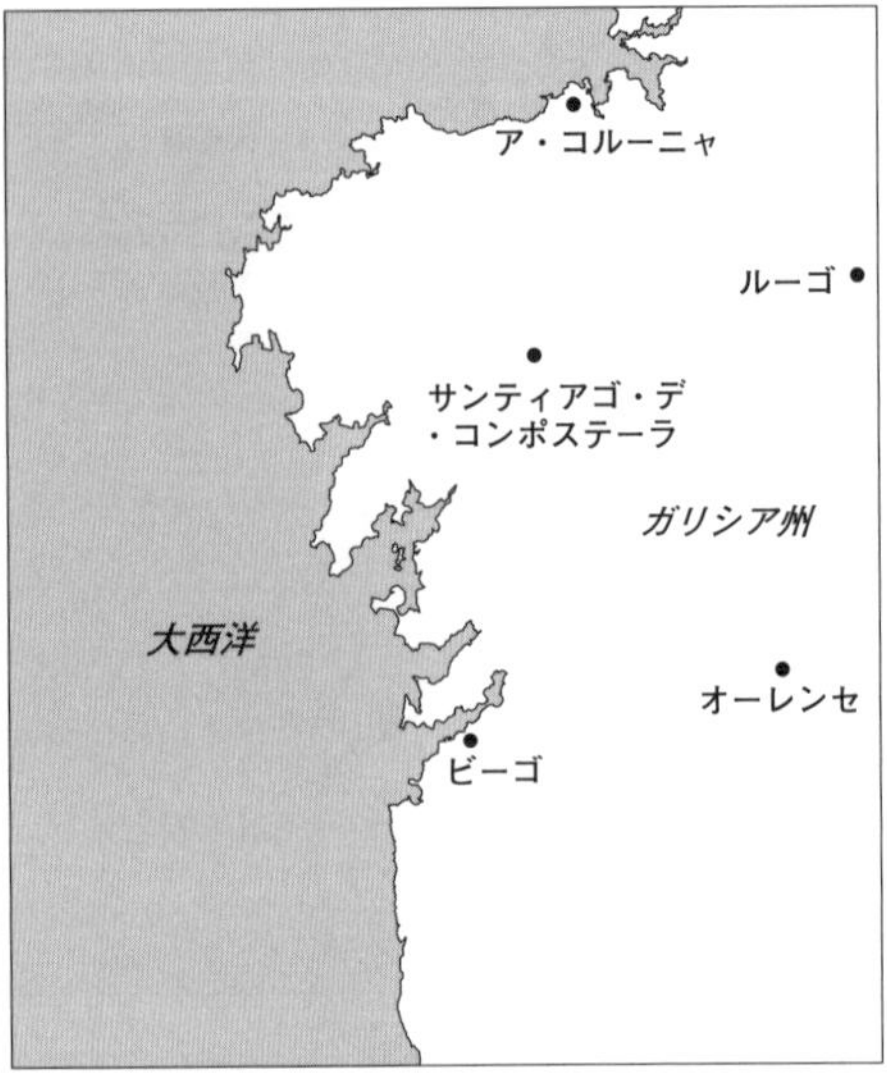

図4-2　リアス海岸の語源となったスペイン北西部ガリシア地方の地形

いほど各地にあります。

　リアス海岸は津波災害を受けやすいので、人が生活するには厳しい地域だと思われがちですが、自然には厄災と恩恵の二面性が必ずあります。厄災は津波災害ですが、恩恵とはいったい何でしょうか。

　一つは、人々が生活する平坦な場所の形成です。リアス海岸は山地が直接海に接する地域が多いので、平地が発達しにくい地域です。そのような中で、海岸の湾奥やそこに注ぐ河川沿いにできる低地は人が住める貴重な場所です。つまり、リアス海岸には山地に生活の場を作るという恩恵があるのです。

　もう一つは漁業に際しての恩恵です。リアス海岸は湾が陸側に深く掘り込み、陸近くでもある程度水深が深いため、波が穏やかで台風の時などは漁船の避難場所になります。また、山地側から栄養分が供給されプランクトンが豊富なので、ホタテやカキなどの養殖に適しています。三重県にある伊勢志摩のリアス海岸ではアコヤ貝を養殖して真珠の生産が行われ、世界的な産地になっています。

ただ、リアス海岸は天然の良港ができると言われますが、それは比較的小さな漁港などについての話です。交通の利便や後背地の広さの関係から、大型船のための港がリアス海岸に作られることはほとんどありません。工業地帯などでは茨城県の鹿島港や静岡県の田子の浦港のような砂浜を人工的に掘り込んだところに大型港が作られていることに留意してください。

リアス海岸は「沈降海岸」ではない

ところで、このようなリアス海岸はどのようにして形成されたのでしょうか。地形はその成り立ちを知ることによって、形だけではなく、環境変化などの深い意味を知ることができます。

リアス海岸はかつて「沈降海岸」とも呼ばれていました。戦前の地形学では、海岸は隆起海岸と沈降海岸に分けられ、リアス海岸は地殻変動によって短期間に土地が大きく沈んで形成された沈降海岸と考えられたのです。つまり、かつて大規模な地殻変動があって陸地が一瞬にして水没したというわけです。歴史時代や現代では、地殻変動で土地が大きく沈降して水に沈んだという実例は知られていませんが、過去には現在とは異なる地殻変動の激しい時期（変動期・激変期）があり、そのような時に沈降が起きたと考えられました。

ところが、戦後その考えは覆ります。氷期にできた大陸氷床（後ほど説明します）が、氷期が終わり地球全体が温暖になったことで融けて海水量が増加し、その結果、海水準の高さが大きく変化したことが明らかになりました。これを「氷河性海水準変化（ユースタシー）」と言います。つまり、リアス海岸形成の原因は、土地の沈降ではなく、後氷期における海水準の急上昇であることがわかったのです。

しかし、地理の世界ではその後も、沈降海岸、あるいは沈降運動でも海面上昇でも水没したのだから沈水で良いということで、原因を曖昧にした沈水海岸という言葉が使われ続けました。そのため、いまだに多くの人が「リアス海岸＝地殻変動で沈降して形成された海岸」というイメージを持っているようです。私は、リアス海岸の形成原因がわかった今、沈降海岸や沈水海岸という言葉は使うべきではないと思います。

「海水準が変化する」とは

　地球規模の海水準の変化についてもう少し詳しく説明しておきましょう。地球の気候は最近の１００万年間には、約10万年の周期で寒冷な氷河期（氷期）と温暖な時期（間氷期）が交互に現れます。氷期には地球の寒冷化によって大陸、特に北半球の大陸上に巨大な氷の塊である氷床が形成されます。海水から蒸発した水蒸気が冬に雪となって降り積もり、夏の間に融けきらず、万年雪として残ります。これが繰り返されると厚くなった万年雪が氷になり、氷床として陸上に水分が留められます。一方、海では蒸発した水が戻ってこないので海水量が減り、海水準が徐々に低下していくのです。

　２万年前のヴュルム氷期最盛期には、ヨーロッパと北米に巨大な氷床（スカンジナビア氷床とローレンタイド氷床）が形成されました。南極やグリーンランドでも氷床が現在より大きく厚く成長しました。その結果、海水準が現在より１２０ｍほど低下したのです。海面が低下していくと、沿岸部では陸上の河川が海の高さに合わせて谷を掘り下げていきました。沖側に移動した氷期の海岸付近では、土砂が堆積して現在の海抜マイナス１００〜マイナス１２０ｍ付近に広く平坦な海岸平野が形成されました（図４－３、４－４）。これが、

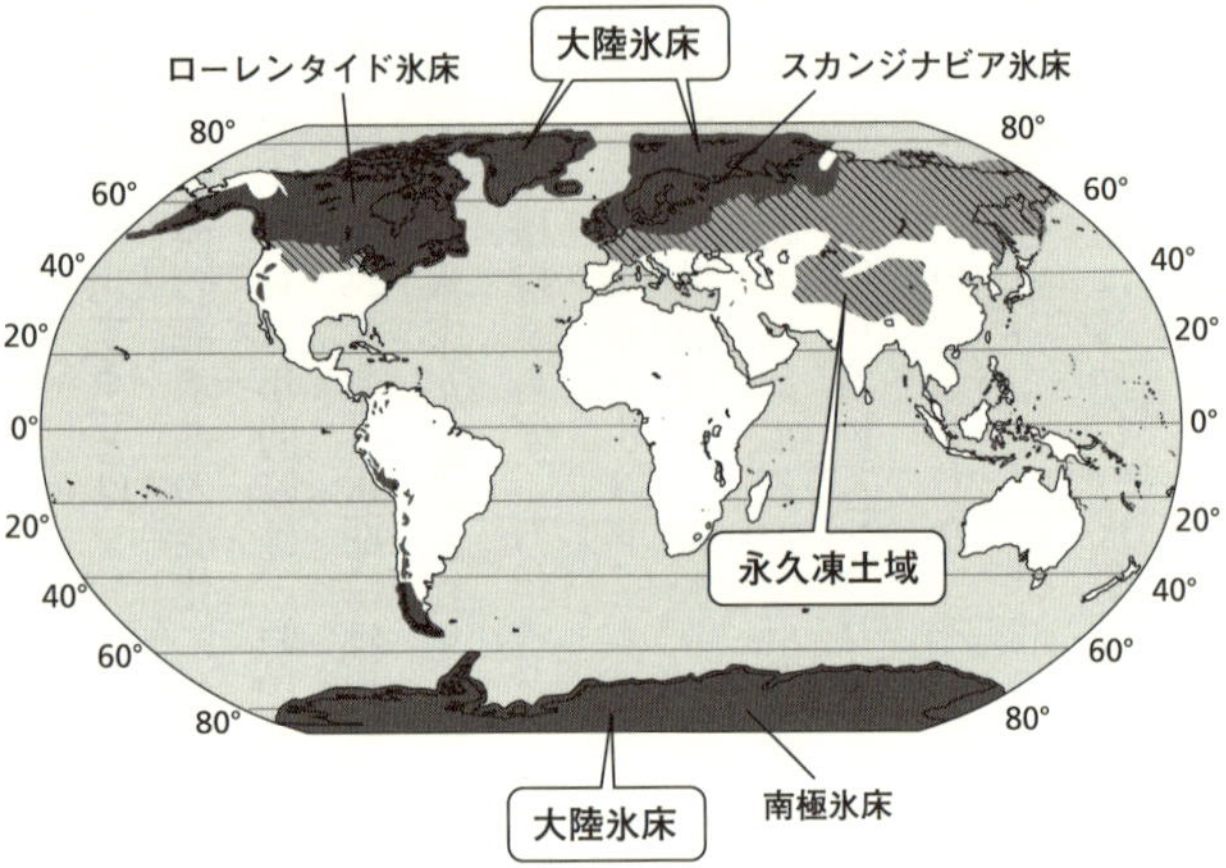

図4-3　氷期の大陸氷床分布
氷期には北半球に巨大な氷床が2つ形成された

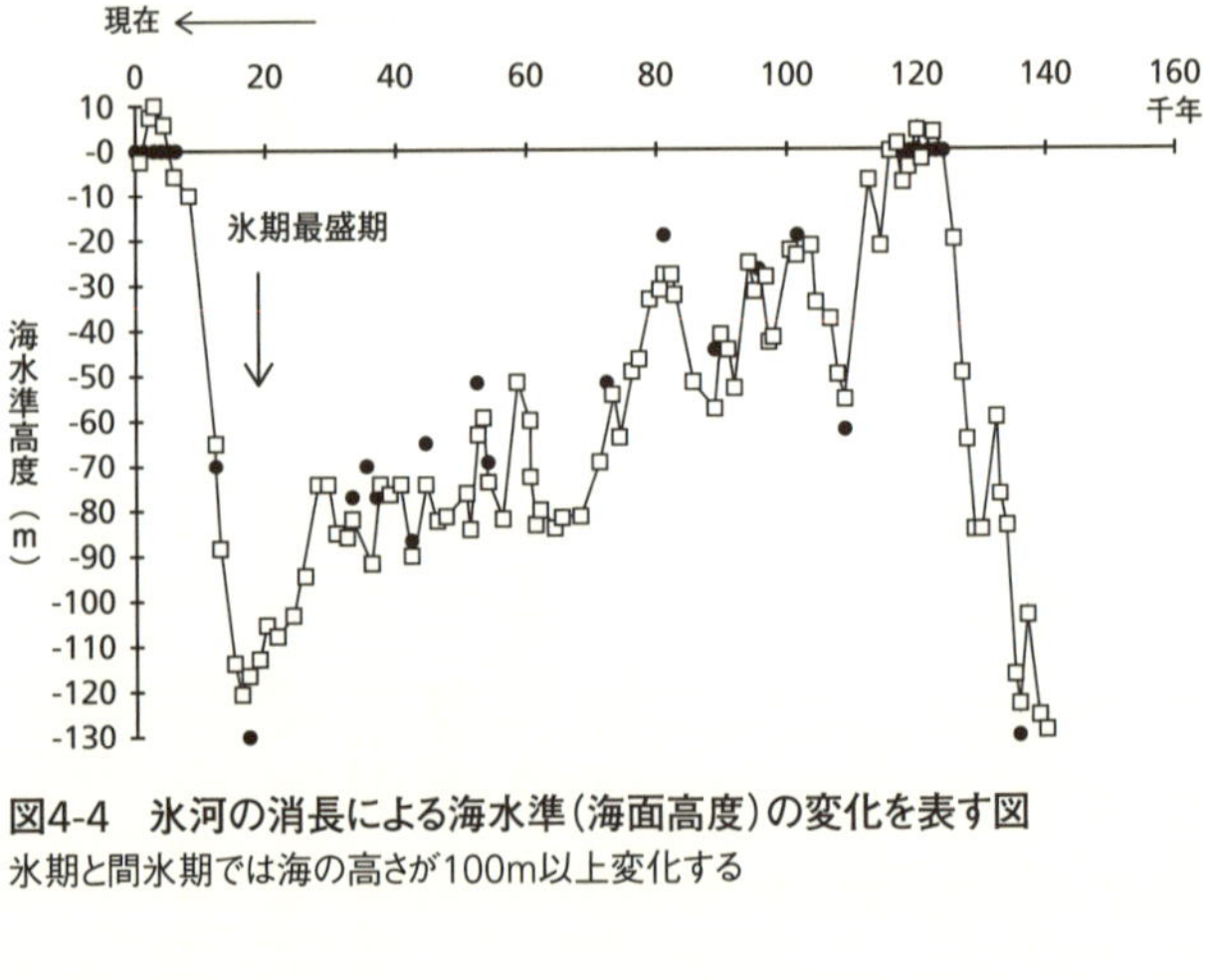

図4-4　氷河の消長による海水準（海面高度）の変化を表す図
氷期と間氷期では海の高さが100m以上変化する

現在、日本の沿岸を取り巻くように存在する大陸棚になったのです。

その後、地球の気候が温暖化に転じると、特に北半球の大陸氷床は急速に融け、水が海に戻りました。すると海水準が急上昇し、氷期に作られた海岸平野は水没して、削られた谷の中には海水が入ってきて「溺《おぼ》れ谷」となりました。全地球的な海水準の上昇は1万9000年前から7000年前まで続き、これを「後氷期海進」と言います。日本では「縄文海進」「有楽町海進」とも呼ばれています。現在は間氷期に相当する温暖期なのですが、まだ次の氷期が来ていないので間氷期とは言わずに氷期の後、後氷期と呼んでいます。

リアス海岸はこのような海面上昇によって、氷期に削られていた陸上の谷が水没して、溺れ谷となったものなのです。リアス海岸が日本だけでなく世界各地に広く分布しているのも、地球規模の海面上昇が原因だからにほかなりません。

リアス海岸が生まれる条件

リアス海岸は海沿いならどこにでもできるわけではありません。形成されるにはある地形的な条件が必要です。

その条件とは、谷の上流域の広さ（流域面積）です。流域面積の狭い小さな河川は、上

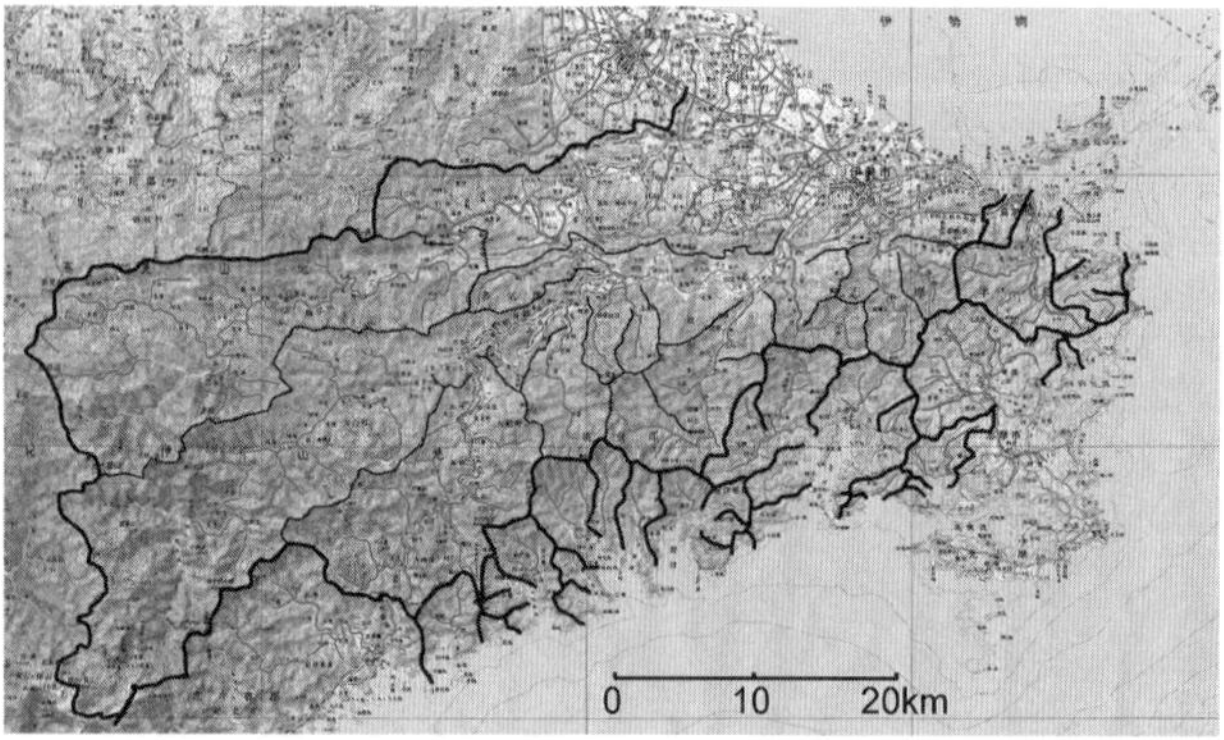

図4-5　紀伊半島東部のリアス海岸（国土地理院1／20地勢図［伊勢］に加筆）
太線部が分水嶺。北側は宮川の広い流域で、宮川は伊勢湾勢側に伊勢平野を拡げている

流で削られて下流に運ばれる土砂（岩屑《がんせつ》と言います）の量が少ないので、海進でできた溺れ谷を簡単には埋められません。一方、流域面積の大きな河川は上流から大量の岩屑が下流に運ばれてきて、海岸付近に作られた大きな谷を埋め立てて平野を作ります。図4－5は紀伊半島東部の伊勢志摩付近の地図に、流域の境界である分水嶺《ぶんすいれい》を入れた水系図です。南側の熊野灘沿いにリアス海岸が発達していますが、個々の入り江は上流の流域面積が小さいことがよくわかります。これらの流域は土砂の生産・運搬量が少ないので、溺れ谷を埋められずに入り江が残っているのです。

一方、それらの分水嶺の北側は北東の伊勢湾に向かって流れる宮川の流域です。宮川は流域が広く下流部で伊勢平野を流れて伊勢湾に注ぎますが、そこにはリアス海岸はありません。氷期には宮川も伊勢湾側へ大きな谷を掘り込んでいましたが、後氷期海進時にその谷は上流からの土砂で埋められて、伊勢平野が形成されました。

このように、リアス海岸の形成条件とは、それぞれの入り江の上流の谷の流域面積が小さく、土砂の生産量が少なくて谷を埋められないことにあります。

消えていくリアス海岸

リアス海岸の地形も時間とともに変化していきます。海面の高さは過去7000年間、温暖期が続いているため、ほぼ安定しています。このような時期にはリアス海岸の入り江は谷の上流からの土砂で埋められて、徐々に陸地が海側に拡がっていきます。また、岬の先端部では沿岸流で削られた砂が堆積して、湾口を塞《ふさ》ぐように砂州が形成されたり、島と島を繋ぐ陸繋島《りくけいとう》（トンボロ）ができたりしていきます。

紀伊半島のリアス海岸では図4－6のような地形が認められます。日本三景の一つである若狭湾の天橋立は図4－6（上）よりもずっと大規模ですが、同様の成因で作られた砂州です。天童よしみさんのヒット曲演歌「珍島物語」は、韓国南西部のリアス海岸で図

4-6（下）のようなトンボロが成長して海面上に姿を現す直前の様子を歌ったものです。一年のうちで海面が最も低下する5月ごろの大潮の時にだけ砂州が水面上に現れるので、それを「海が割れる」と言い、珍島では毎年盛大なお祭り（海割れ祭り）が行われています。

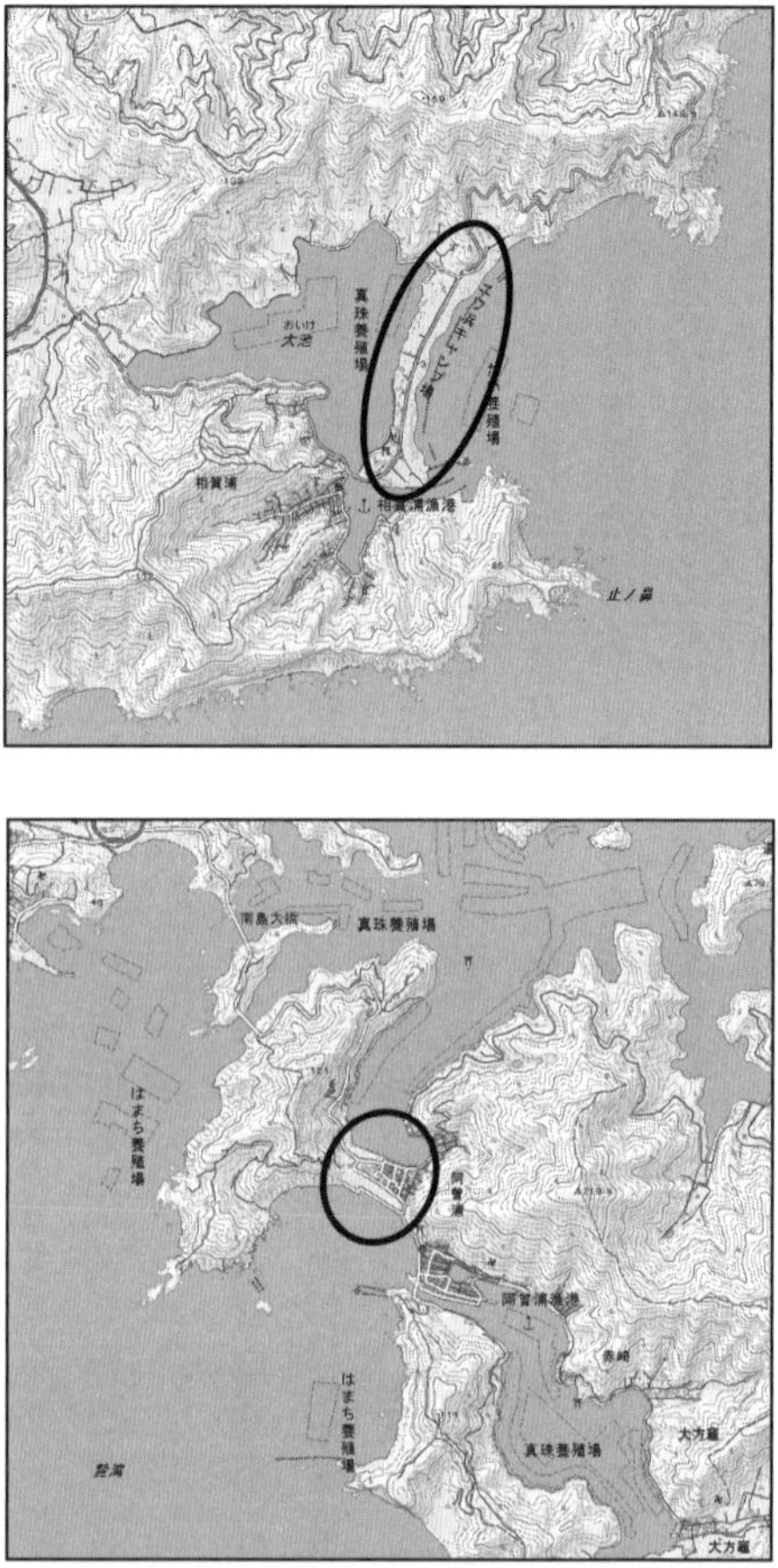

図4-6　リアス海岸に認められる砂州やトンボロ（丸で囲まれた部分）
やがて湾は埋められていく（国土地理院発行1／2.5地形図「相賀浦」（上）および「贄浦」（下）

このような砂州やトンボロができると、海面の高さが安定していればリアス海岸の湾はやがて堆積物で埋め立てられて浅くなり、小さな平野ができます。もしも大きな気候変化などがあって海面の高さが低下すれば、リアス海岸から水が引き、海底が現れて陸地になるでしょう。いずれにせよ、現在のリアス海岸はなくなってしまいます。

もしも将来、海面が上昇すれば、溺れ谷が拡がって再びリアス海岸になる可能性はあります。しかし、現在は温暖期のピークと考えられ、南極やグリーンランドの氷床がさらに融け出さない限り、海面は上昇しません。これまで（過去100万年間）の氷期・間氷期のサイクルの中ではそのようなことは起きていないので、可能性は残るとしても確率は極めて低いと思われます。

そう考えると、地球の歴史の中でリアス海岸は、気候の変わり目である間氷期の極めて短い時間の間だけに生じ、すぐに姿を変えてしまう刹那《せつな》的なものなのです。我々が目にするリアス海岸の景色は間氷期のスナップショットであると言えます。

三陸リアス海岸の地殻変動

このように、リアス海岸の形成は海水準変化（上昇）が原因ですが、ではその形成において地殻変動は全く関係がないのでしょうか。

かつて沈降海岸と言われた三陸のリアス海岸を再び見てみましょう。三陸海岸は2011年3月11日の東北地方太平洋沖地震で津波被害を受けましたが、地震時の地殻変動によって沿岸域では地盤が最大で東に5m以上移動し、1・2m沈降しました。各地で港湾の岸壁が下がって使えなくなるなどの被害が出ました。

ただし、この沈降量はリアス海岸を作るような大きなものではありません。地殻変動を考える時には、地震時などの短い時間スケールで起きている現象と、より長い時間を経て形成された現象、つまり、過去の地殻変動が累積した結果とを比較して見る必要があります。地震時、あるいは明治以降の海の高さを測った験潮のデータでは、東北の沿岸域は沈降を続けています。しかし、長期的な地殻変動の積み重ねの結果と考えられる12万5000年前（最終間氷期のピーク）の海成段丘の高度は、東北地方の各地で海抜30〜50mにあります（図4-7）。三陸海岸にはその時期に作られた段丘は認められませんが、より古い23万年前以前の段丘が50m以上の高度に分布しています。このことは、10万年以上の時間スケールで見ると東北地方の沿岸は隆起をしていることを示しています。このような現象は、周期の異なる地殻変動が重複しているために起きると考えられます。

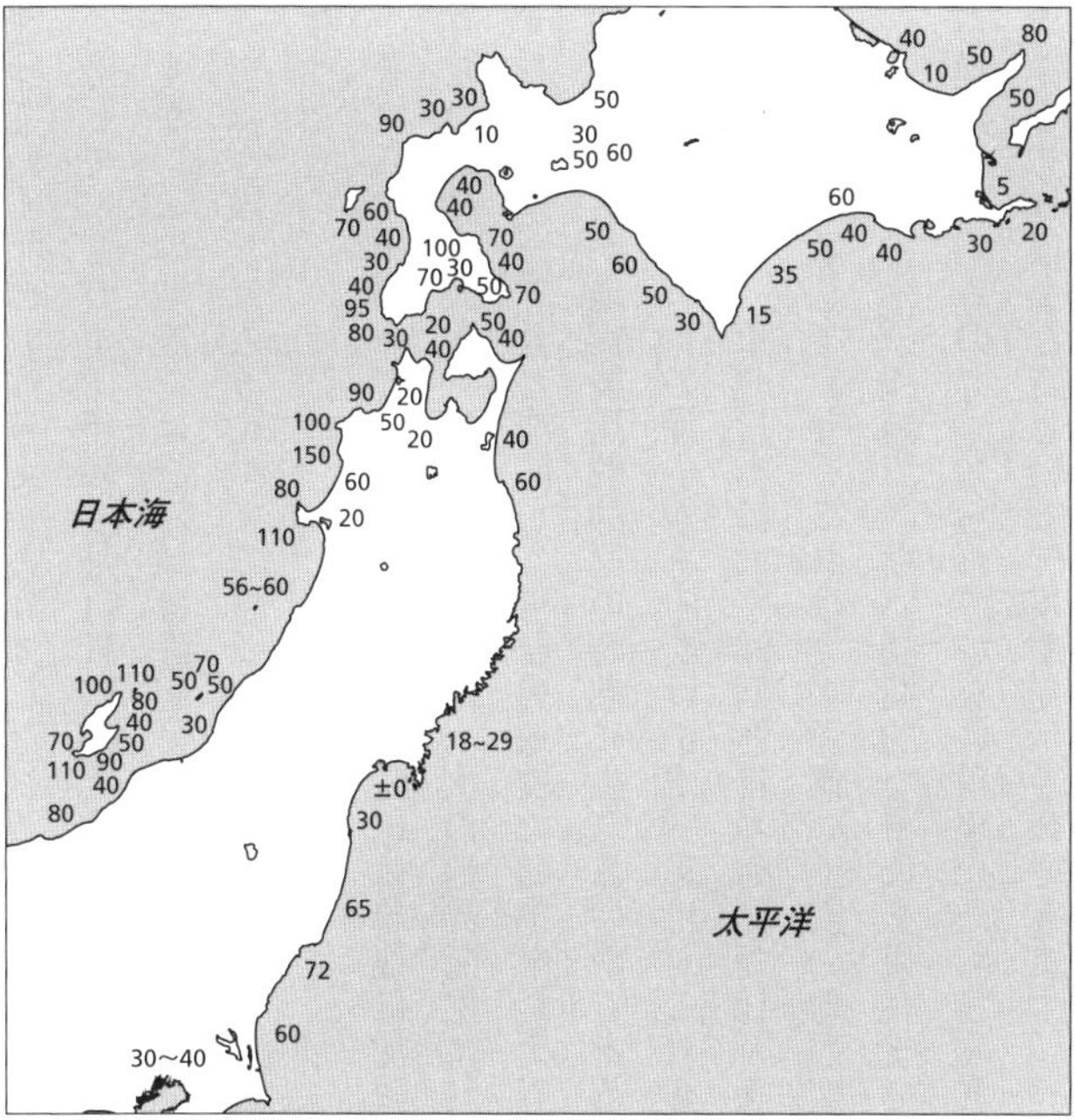

図4-7　東北日本沿岸の12万5000年前の海成段丘の高度分布
30 ～ 50mのところが多い

3月11日の大地震以前は、「験潮記録の沈降はプレートの沈み込みによって陸側の地盤が一緒に下に引っ張られている現象で、歪《ゆが》みが蓄積しており、将来プレート境界の巨大断層が歪みに耐えきれなくなって活動すると、巨大地震の発生とともに陸側地盤は反発して大きく隆起する。そして、その隆起が繰り返し起きることで、結果として海成段丘の高度が高まっていく」という考えがありました。これをハルマゲドン地震という人もいました。そして、2011年の3月11日に1000年ぶりと言われる超巨大地震が発生したわけですが、この地震では沿岸域は隆起せず、逆に沈降してしまいました。

では、段丘はどうやってできるのか、これには地震後いくつかのモデルが提示されています。

それらのモデルでは、いずれも地震時には急速に沈降しても、その後の地震間のゆっくりした運動で大きく隆起し、その後、次の地震発生に向けて沈み込む海のプレートは引きずられてゆっくりと沈降して再び大地震の発生を迎えるというものです。ゆっくりした隆起のピークが地震後比較的早い時期に生じるのか、あるいは地震間の半ばごろにくるかということでモデルの違いがあるだけです。私は、これらのモデルでおおよそ良いだろうとは思いますが、東北日本は太平洋側と日本海側で12万5000年前に作られた段丘はほぼ同じ高度を示しており、これは太平洋側の地震の地殻変動だけで説明できないのではないかとも思います。観測できない長期的な事象を現在までの累積結果である段丘高度だけから推定しているので、知られていない現象がたくさんあるのかも知れません。その情報が増えてくればまた新しいモデルが提示されてきます。

それが自然科学なのです。真実の解明はとても難しい仕事だと思います。

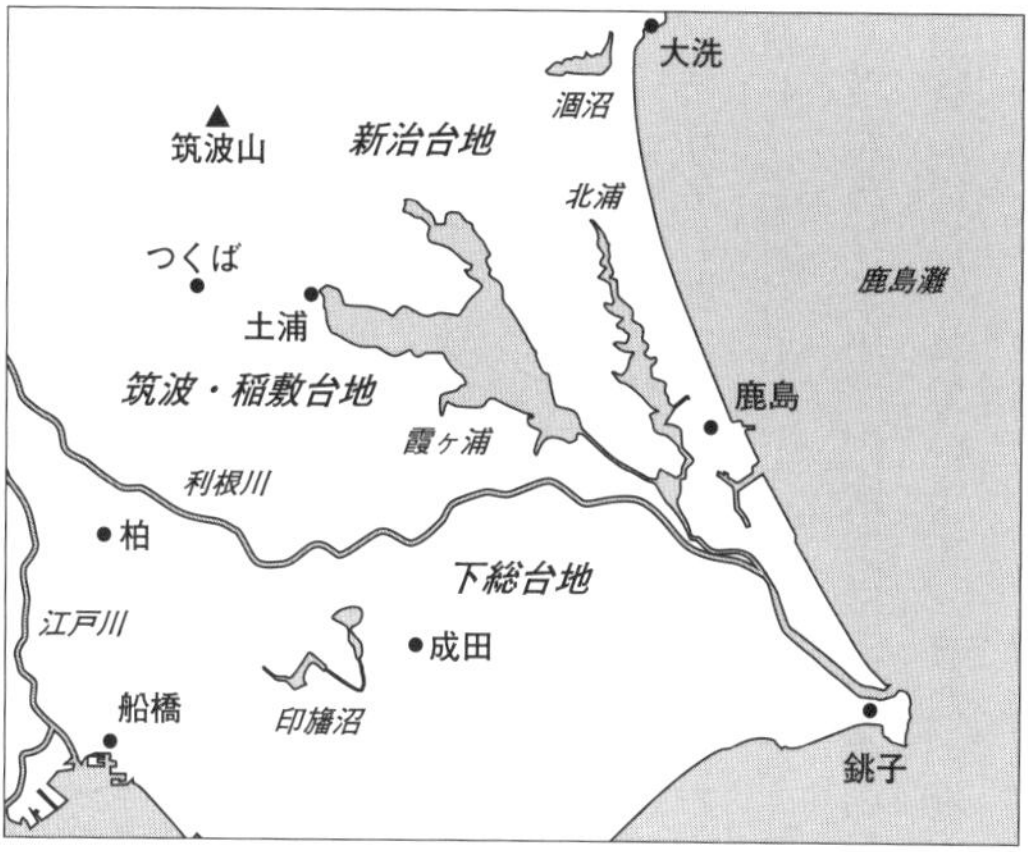

図4-8　霞ヶ浦とその周辺の地図

海進によってできた地形、霞ヶ浦

ここまで、リアス海岸が地球の長期的な気候変動の結果生まれたものであることをお話ししてきました。この章の最後に、同様のケース（気候変動）による海の状況の変化で形成された日本の代表的な地形を2つほど紹介しましょう。

茨城県南部にある霞ヶ浦は周辺の北浦などを併せた湖沼群の総称で、面積約２２０km²（西浦のみでは１７２km²）、湖の周囲２５２km、日本では琵琶湖に次ぐ2番目に大きな湖です。この湖は氷期の海面低下時に鬼怒川《きぬがわ》や小貝川によって作られた常総台地を刻む大きな谷が、後氷期海進でリアス海岸となり、その後、河口部を鹿島灘に沿って作られた沿岸砂州によって塞がれて形成されました。流入する河川の面積が広いので上流から運ばれてくる堆積物で谷はかなり埋められています。そのため水深は極めて浅く、平均水深は4m、最大水深は7・3mです。規模はかなり大きいのですが、やがて埋められて消失していくリアス海岸の最後の姿ともいえるものです。海進で浸入した海の名残なので「海跡湖《かいせきこ》」とも呼ばれています。同様の形成過程をとっている大きな湖は、静岡県の浜名湖、干拓される前の秋田県の八郎潟《はちろうがた》、青森県の小川原湖《おがわらこ》、十三湖、北海道北東部のサロマ湖、島根県の宍道湖《しんじこ》など、日本各地に多数あります。

これらの湖は海に近いところに存在しているので、海との接続口（流水口）から海水が遡上《そじょう》して湖の中に入り、淡水湖ではなく塩水の混じった汽水湖となっているところがたくさんあります。汽水湖は汽水生の貝であるシジミの生育に適しているので、養殖・生産が盛んに行われています。また、海水の遡上を防ぐため、流水口に閘門《こうもん》と呼ばれる水門が作られ、水位の調節などが行われています。なお、浜名湖はもともと湖の水位が高かったため海水が遡上せず淡水湖でしたが、1498（明応7年）年の明応地震（南海トラフから発生したマグニチュード8級の巨大地震）による津波で、沿岸砂州の一部が破壊されて海水が浸入し、以後現在に至るまで汽水湖になっています。

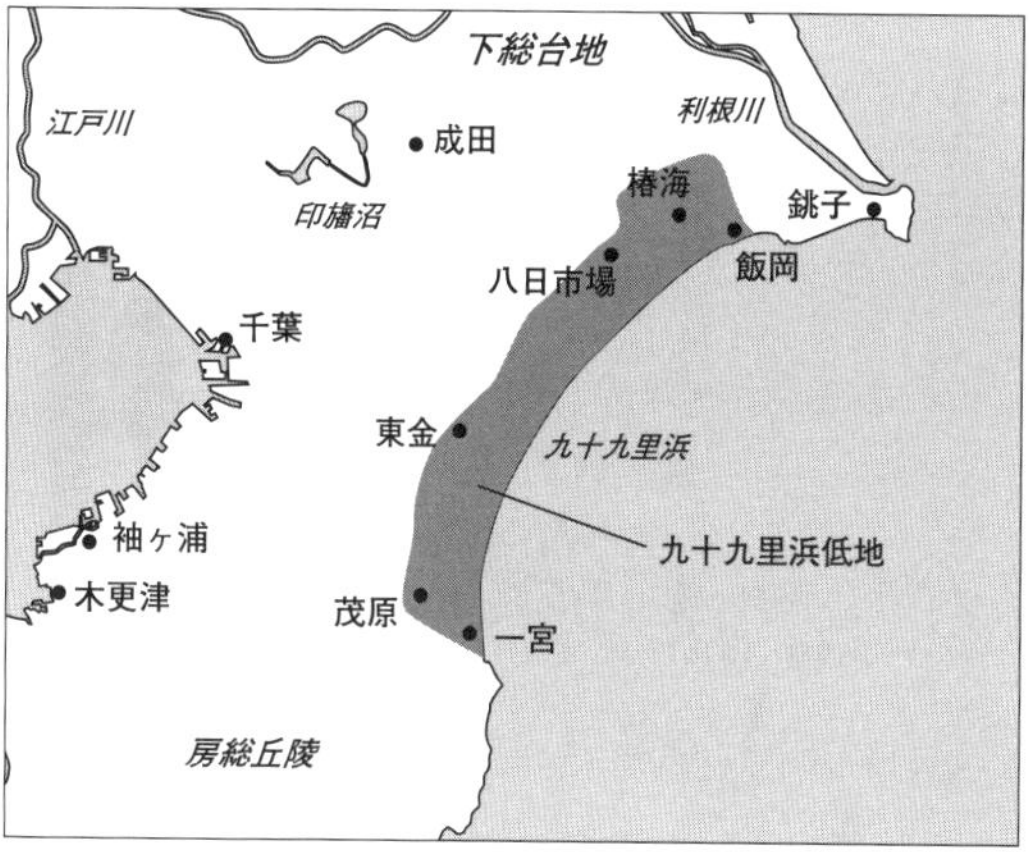

図4-9　九十九里浜の地図

徐々に拡がった九十九里浜

房総半島の北部の太平洋岸には、九十九里浜と呼ばれる北東－南西方向に延びる砂州で構成された延長60㎞に及ぶ長大な砂浜海岸があります。その10㎞ほど背後（西側）には12万5000年前の段丘や丘陵地を削るこれまた長大な海食崖があり、海からこの海食崖までの間の低地を九十九久里浜低地（平野）と呼んでいます（図4－9）。江戸時代の初期まで、この低地の北東部には椿海《つばきのうみ》と呼ばれた海跡湖（旧潟湖《きゅうせきこ》）がありましたが、1670年から干拓され、現在は水田になっています。

この低地は、完新世の縄文海進のピーク時

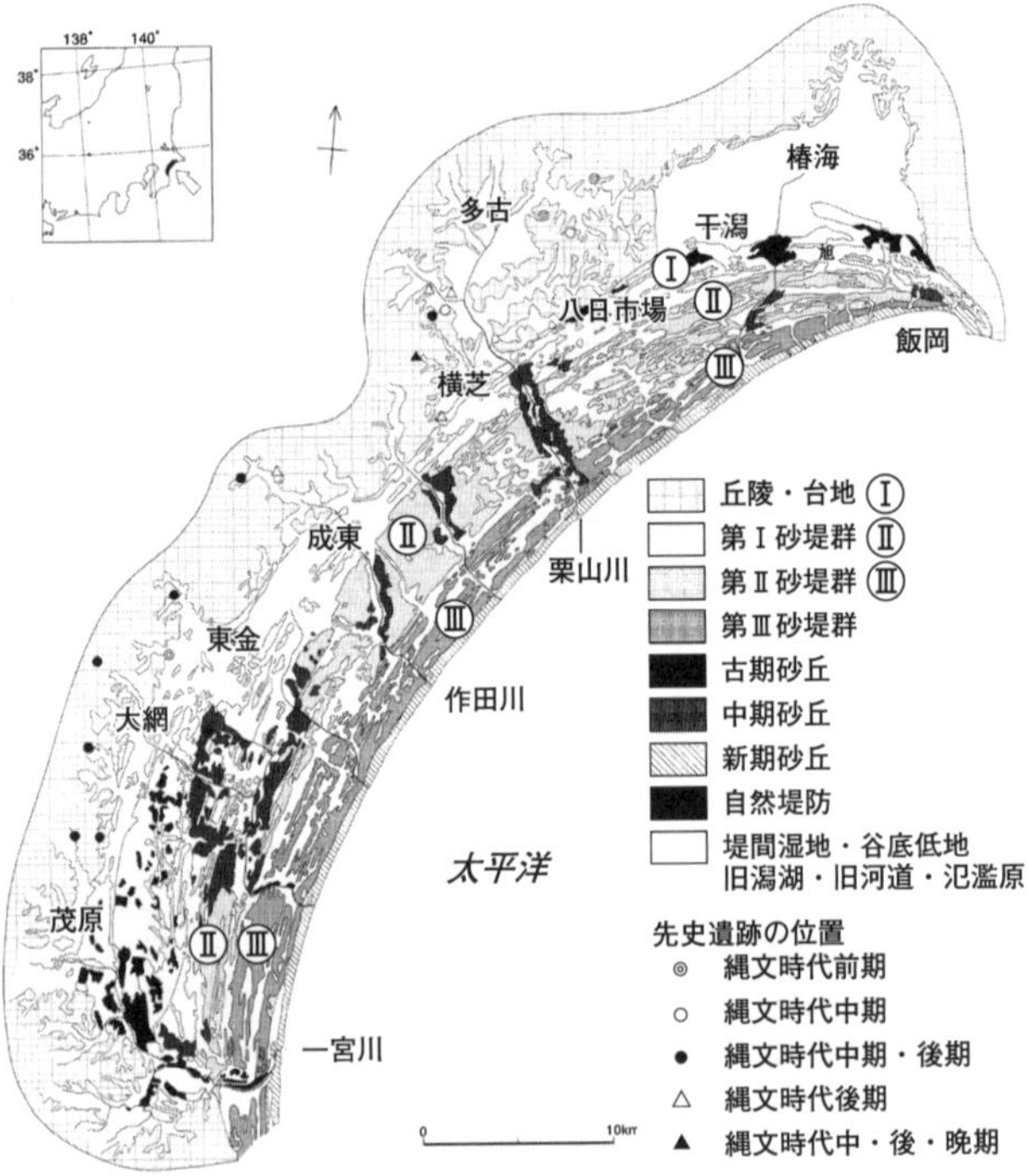

図4-10　九十九里浜の地形分類図（森脇広、1979を改変）

Ⅰ→Ⅱ→Ⅲと、徐々に砂堤が広がっていることがわかるに海が海食崖まで入り、その後の海面安定期に「浜堤《ひんてい》」が徐々に海側に拡がって、現在の姿になっています。浜堤とは海岸の波打ち際より高い陸上部に、風浪などの影響で砂が溜まった高まりのことで、海岸線の位置を示すものです。これに対し、砂州は沿岸流などで浅部の海底に溜まった砂堆で、水面に顔を出していてもいなくても構いません。

九十九里浜低地は、海岸とほぼ並行に発達する3列の浜堤群（内陸から海側へ第Ⅰ、第Ⅱ、第Ⅲ）と、その間の堤間湿地で構成されています。形成時期は第Ⅰ浜堤群が6000〜4000年前、第Ⅱが4000〜2300年前、第Ⅲが1500年前以降です。つまり、最初に現在最も内陸側にある砂州と浜堤が形成され、その後新しい砂堤が次々に海側に形成されて、平野が拡がっていったのです。堤間湿地には浜堤の背後で河川が浜堤と並行に流れていました（図4－10）。

先にも述べたように、海面の高さは7000年前のピーク以降、世界的にはほぼ安定していると考えられていますが、日本では各地でこの九十九里浜低地のような、およそ3段階の浜堤ないし砂州の発達が見られます。どこも時期的にもほぼ一致しているので、急激な海面低下のためと考えられますが、その原因ははっきりしません。完新世の後半にも弥生時代の寒冷期や中世温暖期、小氷期など気候の寒暖の繰り返しがありました。しかし、それらが海面の高度の変化を伴うような大規模なものとは考えられていません。地殻変動の影響も考えられますが、これも詳細な情報は得られていません。過去の地形変化について詳細な原因やプロセスを求めるには、まだまだデータが不足しています。

第5章 気候変化が地形を変える

ここまで読んでおわかりのように、地形を変えていく大きな要因は地殻変動と気候変化です。全地球的な地殻変動については第1章で、気候変化による海水準上昇の影響については第4章で述べました。この第5章では、海面の低下によって生じる地形や環境変化についてお話しします。

日本列島の海峡

現在の日本は、周囲を海に囲まれ、孤立した島国のように見えますが、地質学的な時間から見れば、それはごく最近のことに過ぎません。前章でお話しした世界的な氷河性海水準変化の結果、日本列島は北西側にあるユーラシア大陸との間が海によって切り離されたり、逆に陸続きになったりを繰り返してきました。

ここでは「海峡」に注目してみましょう。海峡とは二つの陸地の間が特に狭くなった部分です。日本では水道、あるいは瀬戸とも呼ばれています。日本の周りには朝鮮半島と本州・九州との間に対馬海峡（対馬の両側に海峡があり、東水道と西水道という名が付いています）、北海道本島とサハリンとの間に宗谷《そうや》海峡、サハリンと大陸沿海州との間に間宮海峡があって、大陸との間を分けています。また、北海道と本州の間には日本列島、すなわち

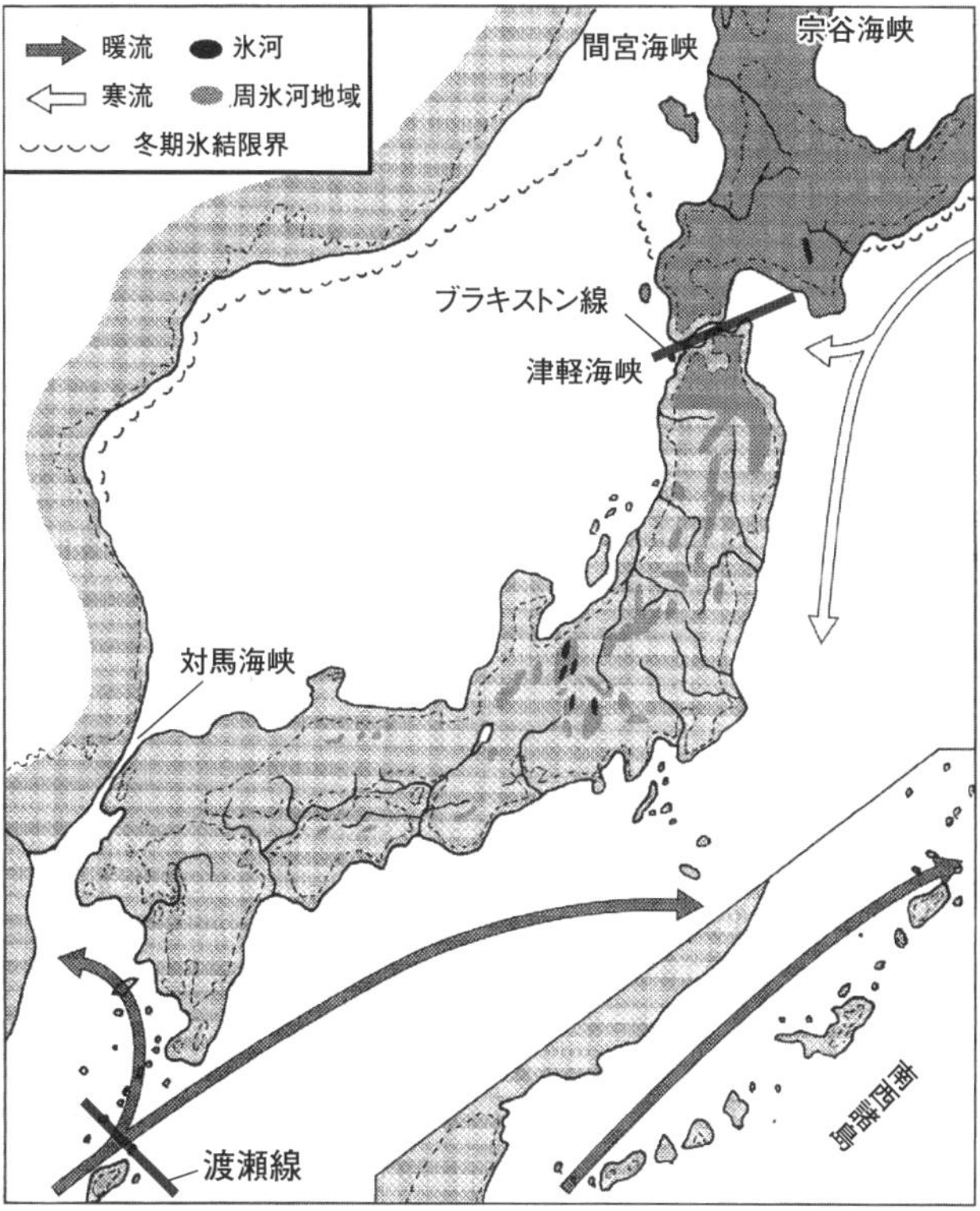

図5-1　氷期の日本の古地理図と海峡

島弧を横断する津軽海峡があります。その他、千島列島や南西諸島の島と島との間にも国後《しり》水道や択捉《えとろふ》水道、そして九州のトカラ海峡など、島弧を横切って太平洋側と日本海やオホーツク海、そして東シナ海などの縁海との間を結ぶ海峡が多数存在します（図5－1）。対岸が見えるごくわずかの距離であっても、海峡は人間にとって移動を阻む大きな障害になります。そのため人々の生活や思いを断ち切る場所として、海峡が小説や演歌の舞台として取り上げられるのです。

ところで、現在の日本周辺の海峡には二つのタイプがあります。

一つは水深が120mより浅いタイプです。これは氷期に海面が大きく低下して、海底が水面上に露出して陸域となったところです。干上がらなくても細い水路だけになり、大洋からの海流の流れ込みがなくなるケースもあります。

このタイプの海峡は氷期には陸橋となって、陸上の動物たちが移動してきます。そして間氷期になると海面が上昇して陸橋は海水に覆われ、行き来が難しい海峡になります。つまり、水深の浅い海峡は氷期と間氷期の間で、スイッチが付いたり切れたりするように、動物の移動を許したり制限したりする役目を果たしています。対馬海峡は平均水深が約100m、宗谷海峡は水深約60mで、氷期の最盛期には干上がって大陸と陸続きになったり、川のような水路になったりしてきました。

もう一つは、海底の水深が深いため、氷期になっても干上がらず、海水の通路として存在し続けるようなタイプです。こちらは、陸上動物があまり行き来できません。流されたりして偶然対岸に上陸できたとしても、少数では繁殖することも生き延びることもできません。群れが移動できるような条件がないと動物は海峡を渡って生活できないのです。その結果、海峡を挟んで分布する生物種が異なる「生物分布境界」が生じます。

生物の分布と海峡の関係

地球では分布する生物の種類の構成によって地域をグループ化できます。この境界が生物分布境界です。

日本の生物分布境界はいくつかありますが、世界的な規模での大きな境界となっているのは渡瀬《わたせ》線です。この線は大きな島と島の間ではなく、九州のトカラ列島の悪石島（北側）と小宝島（南側）という二つの小さな島の間を通っています。この線の北側は生物地理上「旧北区」と呼ばれる地域で、日本列島と同じ種類の生物群が、中国やユーラシア大陸の大部分とアフリカ北部まで分布しています。一方、この線の南側は「東洋区」と呼ばれる地域で、東南アジア、インド、インドネシア、フィリピンと共通する生物が分布しています。沖縄で有名な毒蛇のハブはコブラの仲間で東洋区に分布しますが、旧北区の日本本土にはいません。一方、日本本土にいるマムシは東洋区にはいません。

日本では渡瀬線が一番顕著な生物分布境界です。その他にも、ブラキストン線（津軽海峡線）、八田線、宮部線などがあり、いずれも海峡が分布境界となっています。

それぞれ簡単に説明を加えておきましょう。ブラキストン線は本州と北海道の生物分布境界です。北海道にいるヒグマやエゾシカ、キタキツネと、本州のツキノワグマ、ニホンザル、モグラなどの哺乳類の分布境界です。津軽海峡は最も浅いところでも水深が１４０ｍ以上あるため、氷期でも生物が移動できなかったためかも知れません。

八田線は北海道本島とサハリンの間の宗谷海峡の境界で、両生類や昆虫類の研究から引かれたものですが、それ以外の多くの動物の分布境界にもなっています。ここは氷期には陸続きとなっていました。宮部線は千島列島の択捉島とその北東のウルップ島との間の択捉海峡にあり、トドマツ、エゾマツ、ミズナラなどの北海道型の樹木グループが択捉島側に分布しています。北東のウルップ島側には広葉樹は分布していません。この海峡は水深が１３００ｍあり、氷期にも陸続きにはなりませんでした。

日本列島へのゾウの渡来

日本にはかつてゾウが生息していましたが、いつごろどうやって日本列島に来たのでしょうか。

日本にいた主要なゾウとして、古いものから順に、アケボノゾウ、シガゾウ、トウヨウゾウ、マンモスゾウ、ナウマンゾウが知られています。これらのうち、古い2種はいつ日本列島に来たのかわかりませんが、トウヨウゾウとナウマンゾウは化石を産出する地層の年代を調べることで、日本列島に渡ってきた時期が推定できます。

トウヨウゾウは63万年前の氷期の海面低下期に、中国南部から干上がった東シナ海を通って日本に移ってきました。やがて絶滅したため化石はあまり発見されていませんが、その後ナウマンゾウがやってきます。ナウマンゾウは43万年前の氷期極盛期に、朝鮮半島から対馬の陸橋を渡って日本に移ってきたと考えられています。インドゾウの亜種ですが、インドゾウより小型で、身長（肩の高さ）は2・5m程度です。中国には似た種類のゾウはいますが、ナウマンゾウそのものはいません。おそらく、日本列島に移ってきたあと、海面が上昇し大陸との行き来ができなくなって、日本で独自の進化を遂げたのだろうと思います。寒さに対応してマンモスゾウのような毛が生えていたこともわかってきました。ナウマンゾウの絶滅は1万年前より少し前の、更新世最末期ごろと見られています。おそらく4万年前に日本列島にやってきた人間に、食料として狩り尽くされて絶滅したのでしょう。人類の進出によって更新世末に大型哺乳類が絶滅した例は、世界各地に認められます。

氷期にシベリア方面から北海道にやってきたマンモスゾウは、津軽海峡より南には分布が知られていません。ただし、前述のように津軽海峡は水深が深いので生物分布を区切っているようにも思えますが、北海道にはナウマンゾウも分布しています。ナウマンゾウは南からのゾウですから、北回りで北海道に行ったとは考えにくく、津軽海峡を渡っていった可能性が高いのです。海峡の水深は分布を区切る重要な要素ですが、それだけで生物分布が決まるわけでもないようです。

日本海の環境は変わり続ける

水深の浅い海峡は、氷期には干上がって海水がそこを抜けることができなくなります。すると海峡の両側の地域で環境が一変することがあります。氷期の日本海でもそのようなことが発生しました。

日本海の形成については第1章で述べました。島弧の縁海として日本海は生まれたのでしたね。日本海の水深は3700mと、富士山の標高に匹敵する深さがあります。しかし北と南の端は大陸と近接しており、外側の海とは浅い海峡で繋がることになりました。そのため、氷期と間氷期が繰り返す中で、日本海は大きな環境変化を受けました。

現在の日本海には太平洋側の黒潮から枝分かれした暖流の対馬海流が、対馬海峡を通って流入しています。その海流は津軽海峡を通って太平洋に戻ります。青森県の大間のマグロ漁とは、この暖流に乗って日本海を北上してきたマグロを、その出口である津軽海峡で一本釣りするものです。また、日本海は日本の天気にも影響を与えています。数年おきに日本海の沿岸地域を豪雪が襲いますが、これは日本海が暖かいために水蒸気の蒸発が盛んで、それがシベリアからの冷たい北風にのせられて日本列島に運ばれ、山にぶつかるためです。

日本海の中では、水深300mより深いところに「日本海固有水」という、太平洋とは異なる水塊（ある特徴を持つ水の塊）が存在します。この日本海固有水は冬に表層水が大陸の沿岸で冷却されて重くなり、下に沈み込んだものです。そのため、低温で塩分濃度は低く、酸素の溶存量が高い水です。安定してあまり動きませんが、毎年酸素をたくさん含んだ水が供給されるので、深部でも酸欠にはならず生物の活動が盛んです。

しかし、氷期になると様子が一変します。対馬海峡が干上がって暖流が入らなくなり、代わりに津軽海峡から寒流が流入すると、当然ながら水温は低下します。また、大陸の河川から冷たい淡水が流入して、日本海の塩分濃度が低下します。海水の上下の移動はなくなり、底の部分の酸素濃度は低下し、生物の活動は不活発になります。このような時期には海底に薄い縞状の地層が見られます。

私は地質の研究所に勤めていたころ、日本の深海探査船「しんかい２０００」に乗って駿河湾や富山湾という、沿岸に近いのに水深が２０００ｍに達する深い海底を何回か潜航調査したことがあります。真っ暗な海底を潜水船のライトで照らして観察するのですが、闇夜に提灯を点けて歩くようなもので、周囲の様子はよくわかりません。しかし、海底には急崖があって、それをゆっくり上昇しながら観察すると、詳細に地層の堆積状況を確認することができました。観察していたのは数十万年から２００万年ほど前の地層と思われますが、試料が採れなかったので詳しいことは判りません。ただ、その崖の断面には時折、バウムクーヘンのように薄い地層が細かく成層して堆積しているのが認められました。層準が替わると、地層同士の境目である層理面のはっきりしない地層に替わってしまうのです。

古生物の専門家に聞いてみると、海底にいる生物の活動が活発な時は、海底に地層が成層して堆積しても、海底生物の活動で乱され、層理面は見えなくなるとのことでした。だから、成層した地層が形成された時期は生物活動が不活発、あるいは環境変化で生物がすめなくなった時期だとわかりました。駿河湾や富山湾ではそういうことがしばしば起きていたわけです。

氷期の最盛期に向かって、日本海は表層部が塩分濃度の低い水、つまり密度の小さい軽い水に覆われたため、底部と表層との間に水の交換がなくなり、日本海の底には酸素の少ない澱《よど》んだ水が溜まりました。やがて酸欠状態になると多くの底生生物が死に、日本海は死の海になりました。生物の死骸は低酸素状態なので有機物が分解されず、有機炭素として海底に沈積して黒い地層が堆積したのです。この様子は、古生代に大洋底で起きたアノキシア（海底無酸素状態）による生物の大量絶滅を想像させます。やがて、氷期が終わり海面が上昇して対馬海峡を越えて暖流が日本海に流れ込み、いろいろな生物が戻ってきて、日本海は現在の姿になりました。

鳴門海峡にはなぜ渦潮ができるのか

話を日本海から瀬戸内海に移しましょう。

瀬戸内海は淡路島の東西両側にある紀淡《きたん》海峡と鳴門《なると》海峡、西側は四国の佐田岬半島と九州の佐賀関半島との間にある速吸瀬戸《はやすいせと》（豊予《ほうよ》海峡）で太平洋と、本州と九州の間は鉄道と国道の海底トンネルがある関門海峡で、日本海とそれぞれ繋がっています。四つの狭い海峡によって外海と分けられているので波が穏やかで、船による輸送路として古代より使われていました（図5－2）。

瀬戸内海の海域は播磨《はりま》灘、燧《ひうち》灘などの「灘」と呼ばれる広くて平らなところと、備讃《びさん》瀬戸《せと》、音戸瀬戸《おんどのせと》など狭くて島がたくさんある「瀬戸」と呼ばれるところに分けられます。水深は40mより浅いところがほとんどで、4つの海峡の内側で水深が60mを超えるところは伊予灘南部だけです。ただ、瀬戸内海の海底には「海釜《かいふ》」と呼ばれる楕円形をした細長い凹地がたくさんあります。主に狭い海峡の底にあり、周囲よりずっと深く、水深100m以上のものも少なくありません。特に西側の速吸瀬戸（豊予海峡）には水深が400mを超える世界最大級の海釜があります。

海釜が作られる原因にはいろいろな説があって複雑です。しかし、大きな原因は幅の狭

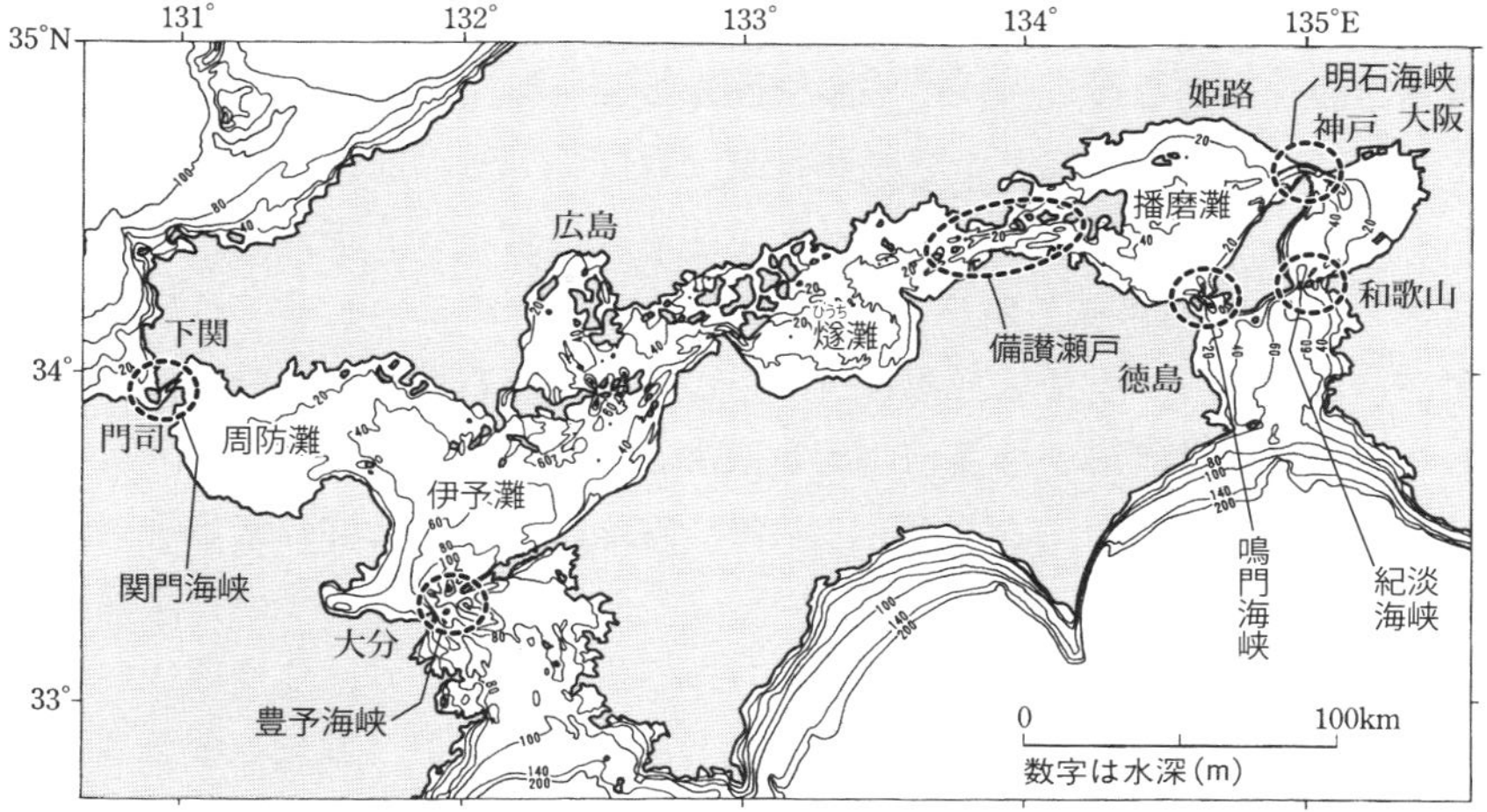

図5-2　瀬戸内海の海底地形

瀬戸内海は水深が60mより浅い海底で占められている

い海峡を潮流が抜ける時に、その速度が速まって、海底の堆積物だけではなくその下の硬い岩石まで浸食するためだと考えられています。

瀬戸内海の東側、四国と淡路島の間の鳴門海峡は渦潮の名所となっています。ある時間になると穏やかだった海面が急に荒れて波立ち渦を巻く姿は勇壮です。鳴門海峡にかかる大鳴門橋の上からその様子がよくわかります。なぜ渦潮は生まれるのでしょうか。

太平洋の満潮時、高まった潮位（潮汐波）は、紀伊水道から淡路島の東側の紀淡海峡を通って大阪湾に伝わり、淡路島の北側の明石海峡から播磨灘に伝わります。こうして満潮が紀伊水道から播磨灘に達するまでに5・2時間かかります。このころ紀伊水道は干潮になっていて、1・3mほど潮位（海面の高さ）の高い播磨灘の水が、鳴門海峡を通って潮位の低い紀伊水道へと一気に流れ込むのです。

これが渦潮の原因です。一日に、播磨灘側から紀伊水道側へ2回、その反対が2回、それぞれ水が流れ込んで、計4回の渦潮が発生します。その結果、鳴門海峡には水深216mの海釜が作られています。

氷期に陸になった瀬戸内海

瀬戸内海の海底は大部分が泥に覆われていますが、沿岸部や潮流の速い海峡部などには砂や礫が分布しています。海底の音波探査（海上から海底に音波を発射し、海底や表層堆積物の下の基底面で反射してくる音波をキャッチして、海底の地層の厚さなどを調べる方法）では、海底堆積物は10～40ｍの厚さがあり、その下には島の地質を構成しているのと同じ基盤岩（主に花崗岩）が存在します。

瀬戸内海の海底の標高はマイナス60ｍより浅いので、堆積物の厚さを引いた基盤の高さは最深でもマイナス１００ｍです。海面低下期である1万８０００年前の最終氷期には、海面は現在より１２０ｍほど低かったので、その時基盤の上面は干上がっていました。それが河川によって侵食され、凹凸のある地形が作られました。

後氷期の海進で、これらの凹凸は沖積層に埋められ、泥に覆われた海底になりました。そして、凹凸のうち、頂上の高さが現在の海水準よりも高かったところが瀬戸内海の島々になったと考えられます。瀬戸内海の中で灘と呼ばれる島の少ないところは、氷期には平らな盆地が作られていたところ、瀬戸と呼ばれる島の多いところは、当時の河川の上流部、あるいは盆地と盆地の間の峡谷部だったと思われます。もしかしたら山梨県の昇仙《しょうせん》峡《きょう》やブラジルのリオデジャネイロのような花崗岩特有のドーム状の地形を作っていたのかも知れません。

瀬戸内海の基盤を掘った谷の深さや海底で見つかった礫の調査から、氷期に作られた陸上河川の谷は、香川県と岡山県西部の間にある備讃瀬戸（諸島）付近を分水嶺にして、東と西に流れていたと考えられます。この谷が瀬戸内海の底にある沖積層の下に埋もれているのです。氷期の海面高度（マイナス120m）から見て、当時の海岸線は、四国の東側では紀伊水道の日ノ御碕《ひのみさき》沖付近、西側は豊後水道の鶴御崎《つるみさき》沖付近にあったと考えられます。

そして後氷期の海進によって現在の瀬戸内海地域は水没し、分水嶺も水の下になりました。そのため四国は本州と狭い海峡で分離されて島になったのです。日本列島は四つの大きな島でできていると言われていますが、これは海面高度の高い現在の一瞬の姿です。地球が少し寒くなって、海の高さが少し低くなると、本州と九州・四国は繋がって一つの大きな島になります。長い氷河期の間、日本列島はずっとそのような姿をしていました。

しかし、海進というのは、ノアの洪水のような大洪水で一気に水かさが増すわけではありません。海面高度が一番低かった1万8000万年前ごろから6000年前ごろの1万2000年間に、海面高度は120m程度高くなったのですが、平均すれば1000年あたり10m、1年では10㎜の上昇です。毎日の潮汐による海面変化の方がずっと大きいので、これは目で見てわかる変化ではありません。「昔は海岸のあの岩の先端がもっと見えていたのに、今はほとんど見えなくなった」という程度の変化なのです。

東京湾の海底

東京湾の海底についても見てみましょう。図5－3をご覧ください。

東京湾は、南にある三浦半島と房総半島との間の狭い浦賀水道が湾の出口であり、そこで太平洋に繋がっています。浦賀水道から北側に向かって湾の幅は拡がり、水深は浅くなっていきます。そして東京湾の北縁には利根川の三角州である東京低地があります。三角形に飛び出した富津岬より北部では、水深は50mより浅く、湾の中央部のやや西側に東京低地から南に続く谷状の低まりがあり、浦賀水道にある海底谷（観音崎海底水道とも言います）へと繋がります。低まりの下には最終氷期最盛期の谷が埋もれているのですが、海底は沖積層の泥に覆われているので谷の姿はわかりません。

東京湾の浅い部分の海底地形に注目すると、マイナス5mより浅いところには陸から続く平坦面があり、その沖のマイナス5mからマイナス10mのところにやや急な斜面があります。マイナス5m以浅の部分は沖積低地の海への延長部で、表面は沿岸の干潟です。昔は潮干狩りや海水浴が楽しめました。現在はほとんどが埋め立てられて人工造成地となり、工業地帯やリゾート施設になっています。

なお、幕末に徳川幕府は外国船を打ち払うためにお台場と呼ばれる砲台を東京湾に作りましたが、その場所はこのような干潟の延長部にあたる水深の浅いところです。水深が深いと、当時の技術では埋め立てが難しかったのかも知れません。

一方、マイナス5〜マイナス10mにある海底の急斜面は陸側から海に向かって堆積してきた利根川三角州の先端部分で、「三角州前置層」と呼ばれます。川が海に入るところでは、水の流れが遅くなり、物質を運ぶ力を失って、運ばれてきた砂やシルト(砂と粘土の中間的な物質)など泥よりも粗粒な物質が三角州の先端部分に堆積します。

東京湾の海底、特に東京湾北部の海底は泥に覆われています。砂が混じってくるのは沿岸部だけです。一方、富津岬より南側の東京湾南部では海底の堆積物は泥が減って砂が多くなり、硬く締まった上総層群の地層が露出するところも多くなります。南部には明瞭な谷地形が存在します。この谷は、南へは浦賀水道を掘り込んで深くなり、特に観音崎を過ぎると水深は100m以上になります。さらに三浦半島剱崎《つるぎざき》の沖では海底谷の深さは5

図5-3　東京湾の海底地形

00mとなり、相模湾内の相模トラフに続きます。

前述のように東京湾の北半分は泥に覆われていますが、東京湾横断道路（東京湾アクアライン）建設の際の地質調査で、この泥層に埋められた大きな古い谷の跡（埋没谷）が確かめられています。これは多摩川や荒川、房総半島側の小櫃《おびつ》川の低地にもそれぞれ埋没谷があることから、それらを集めた大きな谷が東京湾の下にあるだろうと、過去の研究から予想されていたものです。

この谷は「古東京川」と呼ばれ、東京低地の下にある利根川の谷が南に延びたものです。そしてこれが浦賀水道の谷に繋がります。埋没谷の谷底には砂礫《されき》層があり、「沖積層基底礫」と呼ばれます。この基底礫層は浦賀水道ではマイナス90m付近にありますが、上流側であるはずの東京湾の方に向かって傾きが下がっています。基底礫層は河川が残した地層ですので、上流に向かって低くなることは本来あり得ません。これは、基底礫層が堆積した後の関東造盆地運動（第6章参照）による北側へ傾く地殻変動で、地層の傾きが逆転したためです。

大陸棚――氷期を特徴づける平坦な地形

日本をはじめ、世界各地の大陸の沿岸海域には陸から続く、傾斜の緩い平坦な台地状の地形が水没して分布しています。外縁部の標高はマイナス130m程度のものが多く、大陸の縁に棚のように平坦地が付いていることから、「大陸棚」と呼ばれています。大陸棚の海側の縁は「大陸棚外縁」と呼ばれます。そこから先は「大陸斜面」と呼ばれる、大陸棚よりはずっと傾斜の急な斜面が下に延び、大洋底や深海平坦面に続いていきます。つまり、大陸棚外縁とは陸側から続く平坦面の海側末端部の傾斜変換点にあたり、そこまでを大陸棚と言います。

大陸棚外縁の水深は、場所により多少の違いはありますが、マイナス120〜マイナス130mです。これは最終氷期に海水準が最も低かった時の高度（マイナス120m）とほぼ一致しています。これから、大陸棚は氷期に沿岸域において、河川や海岸での浸食、および堆積作用によって作られた平坦面と考えられます。

このような平坦面は、変化し続ける海面の高さが比較的安定していた時期に形成されました。海面の高さが安定していた時期とは、間氷期の最も温暖な時期に海面が上昇から下降に転じるころ、あるいは氷期の最も寒かった時期に、海面が低下から上昇に転じるころにあたります。これらの時期は他の時期と比べて、海水準の変化量に対してそれにかかる

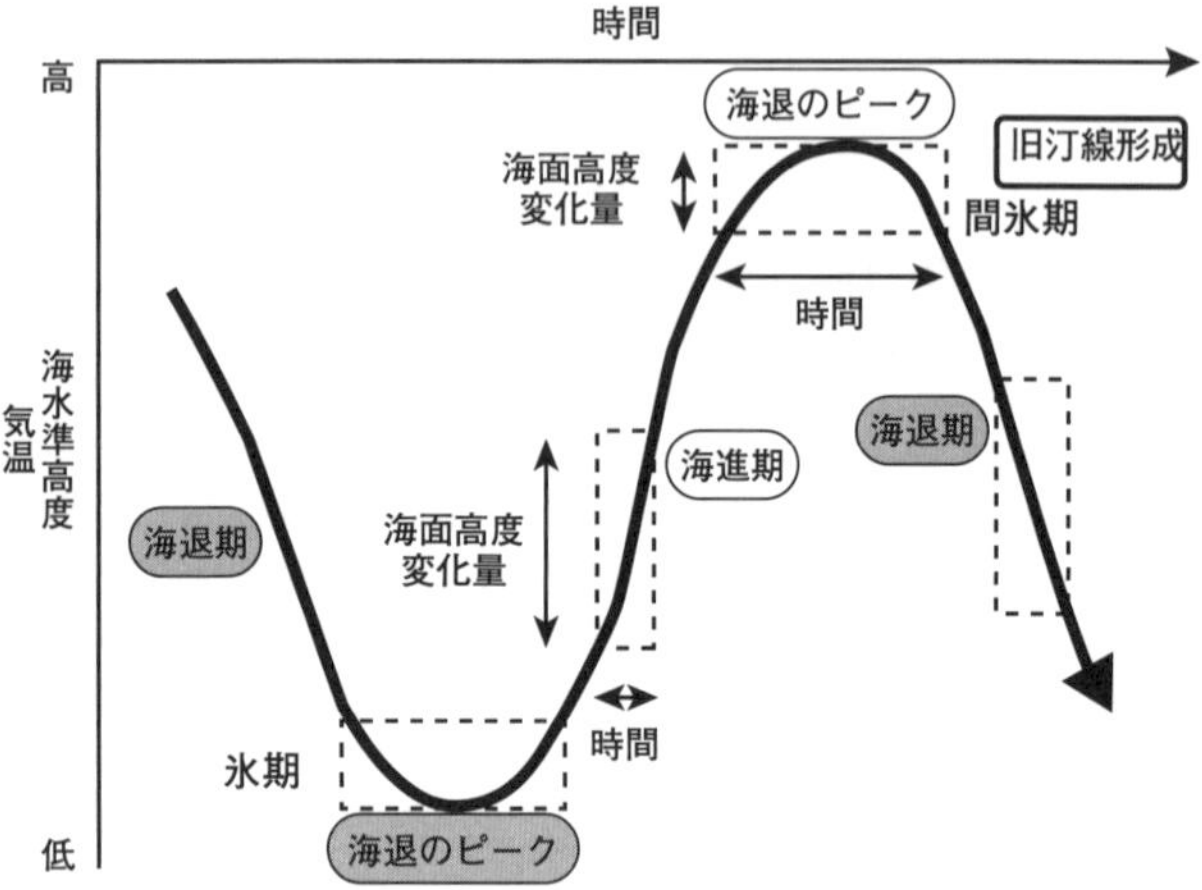

図5-4　海面高度の変化曲線
海進または海退のピーク前後に海沿いの平坦面は形成される

時間が長くなり、海水準の変化速度が遅くなります。つまり、海水準が安定しているように見えるので、陸地が海に削られるにしても、海岸が陸からの堆積物に埋められるにしても、広い平坦面が形成されます。

最終間氷期の12万5000年前に日本列島に広く下末吉面（第6章参照）が形成されたのは、まさにこういう理由です。最終氷期の2万年前に最も海面が低くなった時期には、同じような作用で平坦面が形成され、その後の海進（縄文海進）によって平坦面は海の下に沈み大陸棚になりました。このころ人類は日本列島に到着しており、沿岸域には人々が住

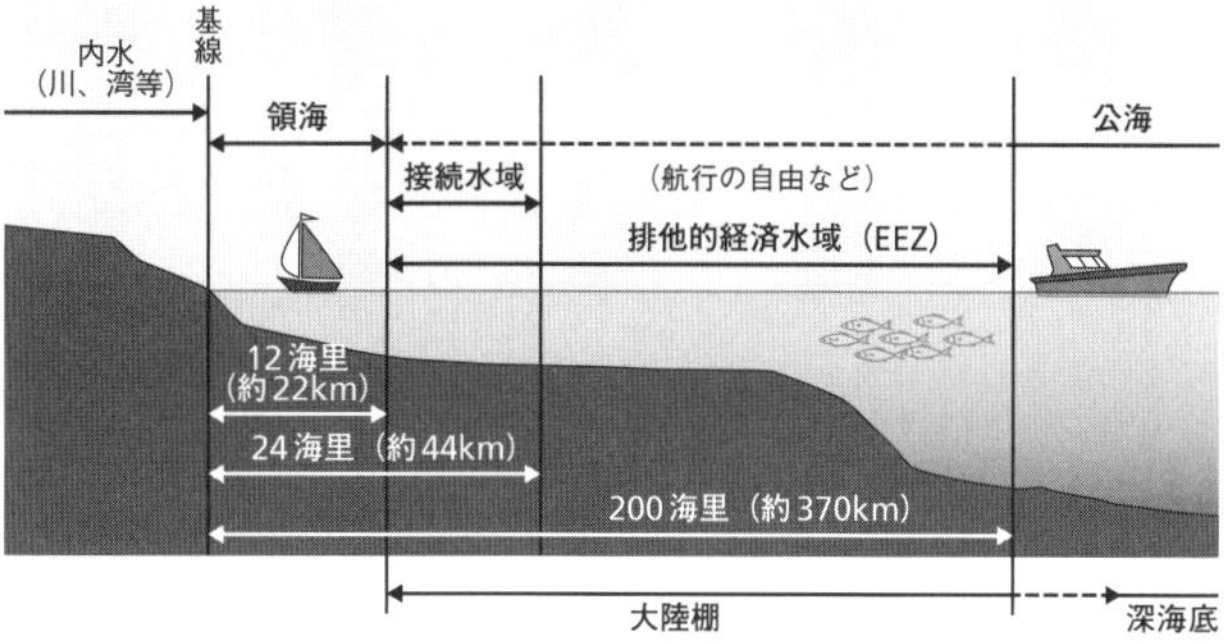

図5-5 国連海洋法条約によって定められた領海などの範囲

んでいたと思われます。そのため、大陸棚の上には旧石器時代から縄文時代草創期の人類遺跡が残されている可能性が高いのです。

余談になりますが、大陸棚の定義は上に述べた学術上のものと、人間の活動に関わる法律(行政)上のものとでは大きく異なります。日本も批准している国連海洋法条約では、領海、接続水域、排他的経済水域(EEZ)、大陸棚、公海などの範囲が定められています(図5-5)。領海とは沿岸に設けた基点の低潮位線(基線)から12海里(約22km)まで、接続水域は12~24海里(約22~44km)の範囲、排他的経済水域は沿岸の基線から200海里(約370km)、そして大陸棚の範囲も領海から200海里の範囲までとされました。ただし、大陸外縁の地形が200海里を越えて延びている場合は350海里(約555km)まで、あるいは

2500mの等深線から100海里までの範囲が大陸棚として沿岸国の権利が認められます。この場合、沿岸国は海底地形の資料を国連の大陸棚限界委員会に提出して当否の勧告を受け、その国がその範囲を決定することになっています。そのため、排他的経済水域の外側で精度の高い海底地形情報を得ることは、沿岸国の資源や利益を守るために極めて重要で、我が国では海上保安庁の海洋情報部がこの調査を積極的に行っています。

以上のように、「大陸棚」という海底地形名は、学術上と法律（行政）上では全く異なる意味で使われていることを知っておいてください。

第6章　関東平野はどうして広いのか

徳川家康が豊臣秀吉によって関東に移封されてから、関東平野には多くの開発の手が加えられ、江戸を支える豊かな地域に変わっていきました。しかし、それは人間の力だけではなく、関東平野の持つ地形・地質的な特性が大きく影響していると思われます。江戸、そして東京の発展を導いた関東平野のいくつかの特徴を見てみましょう。

関東平野が断トツに広い理由

関東平野は日本最大の平野です。面積はどこまでを平野に含めるかで大きく変わりますが、ここでは多くの文献にしたがって1万7000km²としておきます。

日本の総面積は38万km²です。その約4分の1の9万5000km²が平野ですので、関東平野は日本の平野の約20％、国土の約5％を占めています。ちなみに日本の平野で2番目に広い石狩平野の面積は4000km²で、これは関東平野の4分の1以下です。つまり、関東平野は日本の平野の中で断トツに広いのです。

なぜ関東平野はこれほど広いのでしょうか。その理由は関東平野だけ他の平野とは成因が異なるからです。関東平野以外の日本の平野形成には、後述する活断層の活動が関わっています。しかし、関東平野の形成には、よりスケールの大きなプレートの沈み込み運動が直接関わっているのです。

第1章で述べたように、日本列島の太平洋側の沖合では二つの海洋プレートが日本列島の下に沈み込んでいます（図1－5参照）。そのうちのフィリピン海プレートの最東端部は、相模トラフから関東平野の下に沈み込んでいます。この沈み込みによって、相模トラフの陸側斜面には、海底から引き剥がされた海洋底やトラフ底の堆積物がくっつき、付加体が形成されています。またこれも第1章で述べましたが、付加体の陸側には前弧リッジ（外縁隆起帯）と呼ばれる古い付加体堆積物の高まりができています。そして前弧リッジの背後（陸側）には相対的な窪み（沈降域）が生じ、陸側からの堆積物がそこに溜まって前弧海盆（深海平坦面）と呼ばれる平坦な堆積盆地が作られます。

関東平野の南側、三浦半島北部から房総半島南部へ続く「葉山－嶺岡隆起帯」と呼ばれる最高標高400m程度の高まりは、フィリピン海プレートの沈み込み口である相模トラフに沿っていて、前述の前弧リッジに相当すると考えられます。これは伊豆半島が本州に衝突する前から海溝に沿う前弧リッジでしたが、衝突後も相模トラフ沿いで1923年の関東大地震などを引き起こしたプレート沈み込み運動が続いていることから、前弧リッジの成長は現在も続いていると思われます。すると、第1章で述べた島弧の地形配置から考えると、その背後の関東平野は前弧海盆に相当します。

つまり、関東平野が異常に広いのは、プレートの沈み込みに伴って普通は海の中に形成される前弧海盆が陸上に現れているからであり、その理由は、伊豆の衝突によってプレート境界が北に押し曲げられ、陸地に接近したためだと思われます。

さらに関東平野は、東縁の銚子《ちょうし》付近や霞ヶ浦周辺の行方台地・鹿島台地などで、海岸沿いに帯状の隆起帯（鹿島－房総隆起帯）が認められ、これも関東平野の盆地状構造の形成に貢献しています。この地域の真下は関東平野の下に沈み込んだフィリピン海プレートの先端部にあたります。

なお、正月の箱根駅伝で2区（鶴見－戸塚間）の難所とされる権太坂《ごんたざか》は、三浦半島から多摩丘陵に北西方向に延びる前弧リッジの高まりを、東海道の東側、つまり前弧海盆である関東平野側から乗り越えるところに位置しています。

低地とは何か

一般に、平野は低地、台地、丘陵で構成されています。

低地は河川に沿う低く平らな地域です。自然状態では洪水時に河道（流路）からあふれ出た水が流れ、河道が頻繁に移動し、地層が堆積したり、逆に浸食されたりする地域です。現在も堆積しつつある「沖積層」でできているという意味で、「沖積低地」とも呼ばれます。先人の不断の努力によって河道は現在堤防などで固定され、洪水流が河川敷の外にあふれることはほとんどなくなりました。水害を被る頻度は以前よりは大幅に低下しています。

低地はさらに、上流側から扇状地、自然堤防帯（蛇行原）、三角州に細分されます（図6-1）。

扇状地とは、河川が山地から平野に出るところに形成される扇形の堆積地形のことです。平野に入って河川の幅が拡がり、その結果水深が浅くなって川が土砂を運ぶ力（掃流力）が低下し、砂礫などの堆積が起きるのです。洪水のたびに河道は前に堆積した部分を避けて移動していくので、洪水が何回も繰り返されると扇形に堆積物が拡がる扇状地が形成されるというわけです。

扇状地は主に砂礫層堆積で作られているので水はけが良く、畑地が多いなどの特徴があります。もっとも現在は灌漑《かんがい》設備が整っていて、扇状地の上に水田が拡がっているところも少なくありません。

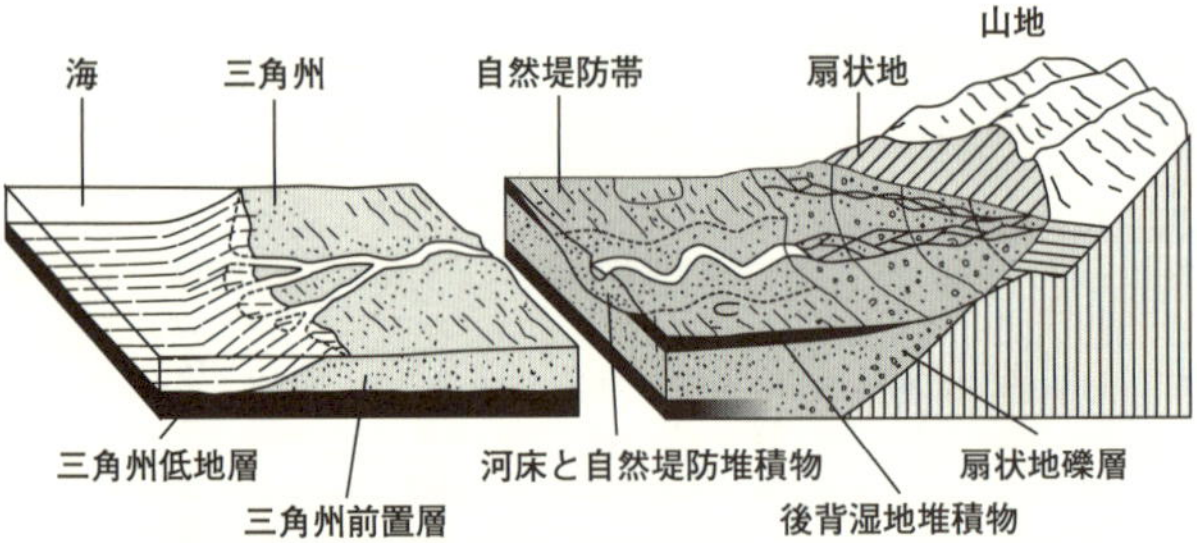

図6-1　扇状地、自然堤防帯、三角州の地形

水量の多い時期、扇状地上の河川は流路が幾筋にも分流したり合流したりして、網の目のような流れ（網状流）を示します。流路と流路の間には「砂礫堆」と呼ばれる高まりができます。そのようなところは洪水を受けにくいので、「〇〇島」といった地名が付き、古い集落が立地しています。一方、渇水期には河川水は地下に伏流して、地表を水が流れない水無し川となってしまうことがあります。

自然堤防帯（蛇行原）とは扇状地より下流に見られる低地の形態です。河川の勾配《こうばい》は扇状地より緩くなり、流路が蛇行していることが大きな特徴です。洪水時、川からあふれた水は周辺に拡がりますが、その時河道の縁では水深が急に浅くなるので、あふれた水は掃流力を失い、砂などを堆積させます。これが繰り返されると、河道に沿って周囲よりわずかに高い土地が形成されていきます。これが自然堤防です。一方、自然堤防の外側（後背地）には土地の高まりを乗り越えた洪水流が流入し、シルトや粘土などの細粒物質が沈積します。そのため水はけが悪いところができ、「後背湿地」と呼ばれる湿地が形成されます。また、蛇行によって流路は少しずつ移動するので、放棄された古い流路跡に水が溜まり、三日月湖などと呼ばれる河跡湖が生まれます。現在は河川改修で消えてしまいましたが、数十年前までは北海道の石狩平野などに河跡湖がよく残っていました。

自然堤防は周囲より小高く乾燥しており、低地の中では洪水を受けることが少ないところです。またその背後の後背湿地は水田耕作に適しているので、自然堤防は平野の開拓を始めた人々が最初に住み着き、古い集落が形成されている場所でもあります。

三角州は、河川の最下流部、海や湖水と接する部分に発達する低地です。河川が運んできたシルトや粘土などの細粒物質が堆積しています。シルトや粘土は一度堆積すると水流を受けても動きにくいので、河道は固定されやすくなります。その結果、下流側に多数の枝分かれ流路が生じ、その周囲に細粒が堆積するのです。海側には干潮時に干上がる広い干潟が作られます。江戸時代以降、このようなところの多くが新田開発などで干拓され、農地化が進められました。

その他、平野の海岸沿いには、沿岸流の影響で砂州や浜堤が形成されます。これらも周囲より小高いので、最初に人々が住み着いた場所です。

低地は平坦で水の便など各種の利便性が高く、多くの人々の生活の舞台となっていますが、本来は洪水によって形成された地域です。我々の祖先が洪水と戦いながら切り開いてきたところであり、目先のことにとらわれて自然の力を軽視すれば、すぐにまた自然災害に見舞われることを忘れてはなりません。

台地と丘陵

同じく平野を構成する台地と丘陵についても説明しておきましょう。

台地とは、低地と明瞭な崖で接する小高い平坦地のことです。これは河川の移動や土地の隆起によって、かつて低地だったところが侵食をまぬがれて残った部分です。河川や海岸に沿って急崖と平坦地がひな段のような段を作るので「段丘」とも呼ばれます。河川が作った段丘は「河岸段丘（河成段丘）」、海の作用で作られた段丘は「海岸段丘（海成段丘）」、急崖は「段丘崖」と呼ばれます。地形学ではこのような平坦地を「地形面」と呼び、斜面や崖と区別しています。斜面や崖は現在も降雨や重力作用で浸食を受けて表面が更新され続けているので、作られた時期を特定できませんが、地形面は低地として作られた平坦な地形が現在まで残っており、形成時期を特定することができます。このような地形面を浸食の程度などの外形や高さ、作られた時代などによって区分することを「地形面（段丘面）区分」と呼び、それを地図に示したものが地形分類図です。

相対的に低い位置にある段丘は、形成時期が新しく平坦面がよく残されていますが、高位の（つまり古い）段丘ほど縁の崖（段丘崖）から谷が入り、浸食されて平坦さは失われていきます。地形面を作った地層は、同じ地形面でも河川の上流だったところでは砂礫層、下流ほど砂やシルトなどの細粒物質が多くなり、場所によって様子が変わります。

段丘化すると洪水を受けなくなるので、火山が噴火して火山灰が降ってくると雪のように段丘を覆います。これが繰り返されると、古い段丘の上には古い火山灰から新しい火山灰までが累積して、厚い火山灰層が載ります。これが関東平野の関東ローム層です。

なお台地は、以前は「洪積台地」とも呼ばれていました。語呂が良いので今も使う人が時々いますが、これは洪積層で（あるいは洪積世に）作られた台地、という意味です。「洪積」とはノアの洪水によって堆積したことを意味するので、国際地質科学連合は洪積世（層）ではなく更新世（統）に統一するよう求めています。ただ、「更新台地」という言葉はありませんので、ここではただ台地という言葉を使います。

台地は水が得にくいので、江戸時代までは段丘崖や浸食谷などの湧き水があるところの周辺を除いて、ほとんど開発されていませんでした。台地上は家畜の採草地、牧場などとして利用されていたようです。江戸時代の中期以降、新田開発が行われて畑地が拡がり、特に戦前は養蚕《ようさん》のため桑畑が拡大しました。そして戦後、都市近郊の台地は電気や上下水道などのインフラ整備が進み、急速に近郊住宅地域に変わってきました。自然災害には相対的に強い地域ですが、最近の異常気象の中で、豪雨時に下水の排水能力不足により内水氾濫の被害地域が拡がっています。

丘陵は台地の浸食がさらに進み、もともとの平坦面が失われたところです。丘陵内部には細かな谷と尾根が多数形成され、頂部の平坦面はほとんど残っていません。しかし遠方から丘陵を見るとスカイラインは極めて平坦で、元は平坦面であったことが容易に想像できます。

丘陵の中の大きな谷に沿って小規模な低地が形成されており、湧き水も得られるため古くから人が住み、その斜面は里山として利用されてきました。しかし現在では、土地の凹凸を平坦に造成して住宅地化した場所が増えています。このような造成地では場所によっては地震や集中豪雨による斜面崩壊などの発生も危惧されます（第7章で詳述します）。

関東平野の地形構成

では実際に関東平野がどのように低地・台地・丘陵で構成されているかを見てみましょう。

図6－2は関東平野の低地・台地・丘陵の分布を示した地形分類図です。平野の中央部の旧利根川や荒川といった大河川に沿って、東京低地、中川低地、荒川低地、加須低地などの低地が分布しています。一方、平野の東半部や西側の関東山地沿いには台地と丘陵が拡がっています。日本の平野には低地が広いタイプと、台地が広いタイプがあります。西南日本には低地が広い平野が多く、東北日本には台地が広い平野が多くあります。関東平野は後者で、台地の面積は平野の60％以上を占めます。

等高線からこれらの台地の高さを見ると、西部の台地は東へ向かって低下し、東部から南東部の台地は海の方向とは逆の西、ないし北に低下しています。つまり、全ての台地が関東平野の中央部に向かって下がっています。台地はもともと河川や海が作った低地ですから、水平ではなく少し下流に傾いているはずです。しかし東側の下総《しもうさ》台地や茨城県

図6-2　関東平野の地形分類図

の常総《じょうそう》台地は、下流であるはずの海側の方が高く、変形しているのです。これは関東平野が「関東造盆地運動」と呼ばれる、平野の中央部が低下し、一方で周縁部が隆起する大規模な地殻変動を受けているからです。

　少し詳しくお話ししておきましょう。この関東造盆地運動は、関東平野の地形の成り立ちを詳しく研究した貝塚爽平先生により、１９５８年（昭和33年）に隆起扇状地である武蔵野台地の変形から具体的に指摘されました。扇状地の等高線の形は、理想的には山地の中を抜けてきた河川が平野に出るところ（多摩川では青梅《おうめ》付近）を中心に、平野側に同心円のような形を示します。ところが、西から東に扇状地が拡がっている武蔵野台地では、北東部の高度が異常に低いのです。段丘崖などがあって高度が急に低くなっているわけではありません。扇状地がねじ曲がって北東側が低くなっているのです。その低下量は40m以上に達していて、沈降の中心は武蔵野台地より北東側にあることがわかります。

さらに、12万5000年前の最終間氷期（現在と同じくらい海面が高かった時期）に形成された下末吉段丘面の高度分布を手がかりに、相対的な沈降の中心地域が指摘されました。図6-3を見ると、高度が最も下がっていると想定されるのは関東平野中央部、茨城県の古河市付近と、東京湾の北部地域だとわかります。これは関東平野の主要な低地の分布と一致しています。

このうちの一つ、東京湾北部付近では、地震計設置のために東京都江東区で掘削《くっさく》された深層ボーリング調査で、地下マイナス1217mから鉱物のざくろ石（宝石のガーネット）を含む特異な軽石層が見つかりました。これは関東平野の下に厚く分布している前期更新

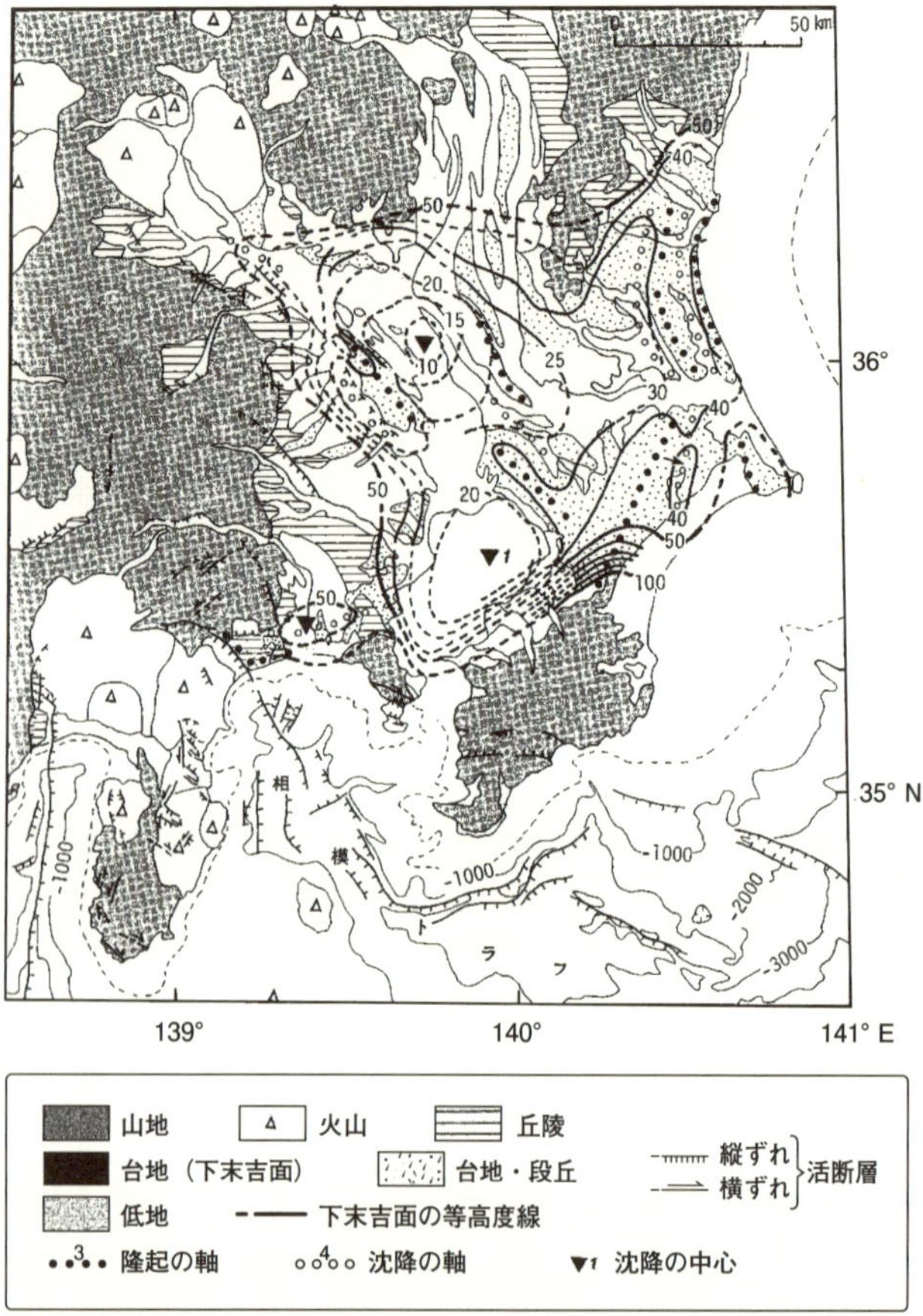

図6-3　関東平野の第四紀後期の沈降運動

世の上総層群の下部層の中に挟まれるもので、堆積したのは約250万年前です。この軽石層は神奈川県厚木市付近の相模川河崖や千葉県銚子市付近の海食崖、神奈川県鎌倉市付近の丘陵地からも同じものが見つかりました。そして軽石に含まれる鉱物の詳しい化学分析から、同一の軽石層であることが確かめられたのです。

このことは何を示すのでしょうか。これらの軽石の発見場所は互いに離れてはいるものの、江東区のものを除いて現在の地表付近であり、軽石層がもともと堆積したところはいずれも浅海でした。このことは関東平野の南縁や東縁部に比べて、江東区付近が250万年間に1200m程度沈降したことを示しています。つまり、沈降の中心の地域は大きく沈降していると考えられるのです。このような沈降運動は上総層群堆積のずっと前から始まっており、関東平野中央部では関東山地を作る古い基盤岩の高度はマイナス3000mまで低下しています。

このように、関東平野では平野中央部の絶対的な沈降と周縁部の絶対的な隆起運動により、中央部に河川が集中して低地が形成され、周縁部には広い台地と丘陵が認められるのです。

以上のように、関東平野が日本のほかの平野とは異なり異常に広いのは、プレート沈み込み運動に直接関連した前弧海盆がプレート衝突によって陸地の近くに形成され、そのためそこが陸からの堆積物によって埋められたことが大きな理由と考えられます。

東京に坂道が多いのはなぜ?

次に、関東平野の代表的な台地である武蔵野台地について見てみましょう。武蔵野台地の成り立ちを知ると、東京の地形が見えてきます。

武蔵野台地は関東平野西部の台地群の一画を占め、西側の関東山地から流れ出る多摩川と入間《いるま》川の間に広がっています。中央部には島状に孤立した狭山《さやま》丘陵もあります。この台地はもともと多摩川が作った扇状地や東京湾の沿岸に拡がった海岸平野(沿岸低地)が、海水準の変化やその原因である気候変化、さらには地殻変動による隆起が加わって段丘となったものです。

武蔵野台地は台地を作る地形面の高さやそれが形成された時期によって、さらに細かく区分できます(図6-4)。

武蔵野台地とその周辺の地形面の中で最も古いものは丘陵地です。台地の北と南を区切る阿須山丘陵と多摩丘陵、さらに関東平野と関東山地との間にある加住丘陵などの小丘陵

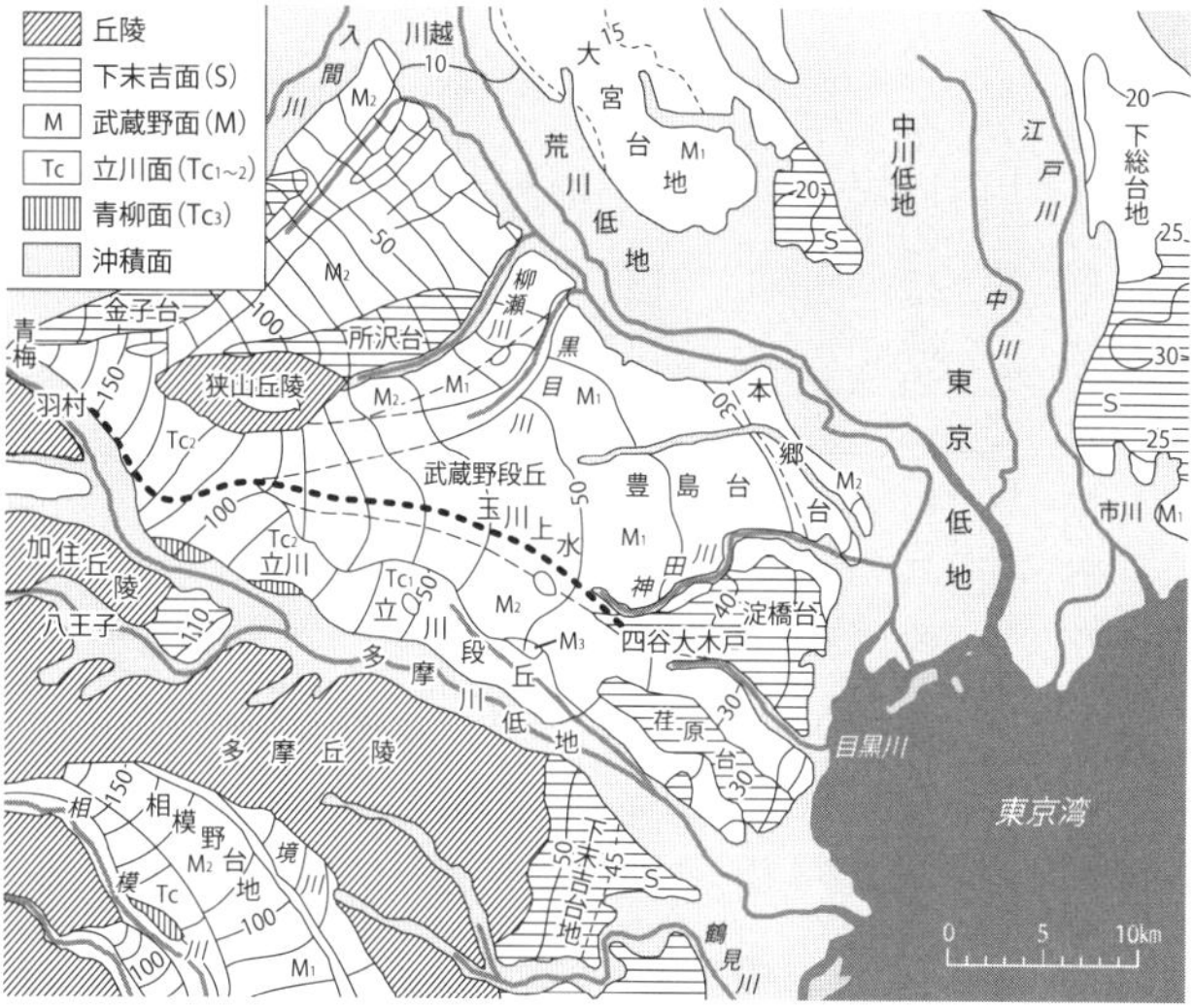

図6-4　武蔵野台地の地形分類図と玉川上水の流路位置

群、そして狭山丘陵などです。これらはいずれも中期更新世（78万〜12万5000年前）に低地だったところが隆起し、浸食を受けながら台地を経て丘陵になったものです。丘陵頂面には当時の河川堆積物が若干残っており、川が干上がった直後に降ってきた火山灰層が残っていれば、丘陵の形成時期を知ることができます。ちなみに、多摩丘陵や狭山丘陵の地形面形成は約60万年前と推定されています。

　武蔵野台地は主に12万5000年前以降の後期更新世にできた段丘群で、構成する地形面が細分されています。武蔵野台地全体の特徴は、東側には主に12万5000年前の海成段丘が分布し、一方西側には青梅から広がる最終氷期の多摩川の扇状地が段丘となったものが広く存在することです。

図6-4を見てください。台地の東の端に分布する淀橋台と荏原《えばら》台は、12万5000年前の最終間氷期の海進によって作られた海岸平野が隆起して段丘となったものです。

この段丘は横浜市の下末吉付近の名をとって下末吉段丘（下末吉面、S面）という名が付いています。最終間氷期の海進は日本各地で同時に起こり、形成された当時の高さも全国で同じでした。ですから下末吉段丘はその後の日本列島の地殻変動量の把握や、遠隔地間の変動量の比較などに使われるたいへん重要な段丘です。

ちなみに江戸城は下末吉面である淀橋台の東端部、海食崖上に作られています。古い段丘なので平坦面は残っているものの、多数の浸食谷が平坦面を削り込んでいます。東京に坂が多いのは海沿いに古い段丘面があり、このように谷がたくさん掘り込んでいることと、人口が集中して段丘面を上下する道が多く作られているためです。また、江戸城を囲む内堀、外堀などはこの谷に人工の掘削を加えて作られました。

武蔵野台地の地形面

武蔵野台地は、形成された時期の異なる多数の地形面で作られています。各地形面は時期の異なる気候条件で作られ、地形面の勾配もそれぞれ異なっています。そしてこの違いを利用して、江戸東京の発展のもとになった玉川上水などが作られたのです。少し複雑かもしれませんが、武蔵野台地を作る地形面とその特徴を見ていきましょう。

武蔵野台地の北縁に分布する金子台と狭山丘陵の北東にある所沢台は、武蔵野台地の中で最も古い地形面です。以前は下末吉面として最終間氷期の河成段丘と考えられていました。しかし段丘を覆う、肉眼では観察できない火山灰粒子（クリプトテフラ）の研究などから、もっと古い段丘堆積物と考えられるようになりました。

最終間氷期のピークの後、何回か温暖な時期と寒冷な時期が繰り返されました。その時、10万年前と8万年前の温暖な時期に多摩川によって作られた地形面が武蔵野段丘群なのです。豊島台などは10万年前の川の跡である成増面（M1段丘）、その南西には8万年前の川の跡である武蔵野面（M2段丘）が世田谷区や東京都三鷹市に分布します。成増面と武蔵野面との間に明瞭な崖はありませんが、段丘を覆う関東ローム層の厚さが異なるためこのように区分されています。江戸時代初期に飲用水として利用された神田川や石神井《しゃくじい》川の水源は、武蔵野段丘群を刻む谷の頭部にある井の頭池や石神井の湧水でした。

武蔵野段丘群にはもう一つ、中台面（M3面）という段丘があります。これは東京都調布市の東部などに残っている、武蔵野面より一段低く分布も狭い段丘で、約6万年前に箱根火山から噴出した「箱根－東京軽石層（TP）」が段丘礫層に挟まっています。これは中台面の上を多摩川が流れていた時に軽石層が降ってきたことを示していて、このことから中台面の形成時期は約6万年前と推定できます。この時期は比較的暖かな最終間氷期はすでに終わっていて、寒さの強まった亜氷期です。なお、「中台」という名前は、京王線つつじヶ丘駅の南側の地域（東つつじヶ丘二丁目付近）の古い名称です。この近くでは武蔵野面に「上の原」という地名が付けられており、昔の人々が段丘面の高さの違いを認識していたことがわかります。

武蔵野台地東端部の本郷台も同じ武蔵野面（M2面）で、海岸近くでは下末吉面（S面）の淀橋台や荏原台より明らかに一段低い段丘ですが、西、つまり多摩川の上流側に向かうと、今度は下末吉面が世田谷区のあたりで武蔵野面に覆われます。これは河成の武蔵野段丘群の勾配が海成の下末吉段丘より急なためです。

武蔵野台地の西部に位置する青梅、立川、府中、そして調布付近には多摩川に沿って立川段丘群があります。これは段丘面を覆うローム層の厚さから、3つの地形面に区分されます（高い方から立川1面［Tc1面］，立川2面［Tc2面］、立川3面［Tc3面、青柳面］）。地形面の離水時期、つまり地形の上を川が流れなくなった時期は、立川1面が調布付近で3万年前以前、立川2面が立川付近で2万1000年前、立川3面が国立付近では1万6000年前で、更新世の最末期、最終氷期のピークのころにあたります。つまり、立川段丘群は最終氷期の海面低下期に作られたものです。

立川1面は、この面を覆う関東ローム層中に3万年前に九州の姶良カルデラ（鹿児島錦江湾）から噴出した姶良−丹沢火山灰（AT火山灰）が挟まれており、3万年前以前に形成された段丘です。なお、AT火山灰は南九州のシラス台地を作っている入戸火砕流堆積物の細粒部分（灰神楽《はいかぐら》）が飛んできたものです。この火山灰は九州から東北地方まで広く日本に分布しているので、よい時間指標になっています。

さて、この立川1面は国分寺以南で武蔵野面の南側（国分寺崖線）に沿って二子《ふたこ》玉川《たまがわ》付近まで続き、そこで多摩川低地の下に潜り込みます。

立川2面は青梅付近から東に拡がる広い扇状地の跡です。現在の多摩川は多摩丘陵と武蔵野台地の間の狭い流路に閉じ込められているように見えますが、立川2面の時代には流路をあちこちに変えながら広大な扇状地を拡げていたと思われます。このような広大な扇状地が広がったのは、多摩川上流の関東山地で砂礫がたくさん作られるようになったからです。詳しくは後で述べますが、大量の岩屑が山地内の谷に流れ込んで河床をどんどん埋めて高くして、平野に出る青梅からは下流に広大な扇状地を拡げました。現在とは全く異なる地形が広がっていたのです。

この時期は氷期の極盛期で、海面は現在よりも100m以上低く、多摩川の下流部では低下した海面高度に合わせるように深い谷が掘られました。つまり、多摩川は上流部では河床が上がり、下流部では河床が低下したので、結果として立川2面の扇状地は、上流では立川1面の扇状地を覆い隠し、下流では立川1面を削ったのです。

立川段丘群で一番若い立川3面も流路をあちこちに替えたようですが、最後には現在の多摩川沿いに流路が固定されたようです。この段丘の分布は図6－4では立川市や国立市付近にしか示されていませんが、小さな分布が上流に転々と続き、青梅より上流の山間部の段丘はほとんどが立川3面で構成されています。この段丘は立川2面より更に急な河床勾配を示します。

最後に、現在の多摩川は沖積面（低地）を作っています。後氷期の海面上昇により下流部に厚く溜まった沖積層の堆積面で、地形面の勾配は立川段丘群よりはずっと緩く、下流部で勾配の急な立川面群を覆います。

以上のように、武蔵野台地はいくつもの後期更新世の段丘面群で構成されています。勾配の緩い古い段丘面が台地東部に、より急勾配の若い段丘が古い段丘を覆って西側に分布するという特徴が認められます。

交差する河成段丘面

立川1面と武蔵野面との間には、国分寺付近から二子玉川付近まで続く明瞭な段丘崖が形成されており、「国分寺崖線」と呼ばれています。

これは地殻変動でやや隆起していた武蔵野面と中台面を、海水準の低下によって多摩川が河床を掘り下げ、立川1面を作る時にできた河食崖です。崖線沿いにはまだ林地があり、「はけ」と呼ばれる段丘崖に沿って各地で湧水が認められます。武蔵野の面影が残っている唯一の地帯かも知れません。

この国分寺崖線の崖は、西から東へ向かってどんどん高くなっていきます。JR中央線の北側、五日市街道の砂川九番付近では高低差はほとんどなく、立川2面と武蔵野面の区分が難しいのですが、立川1面が沖積低地の下に消えていく東急二子玉川駅の西方では高度差が20mほどになります。これは立川1面が上にある武蔵野面より急勾配なので、下流に向かうと両者がどんどん離れ、崖の高さが大きくなっているのです。

また、立川段丘面群と沖積面との間には「府中崖線」と呼ばれる明瞭な崖が存在します。これは国分寺崖線とは逆に、段丘崖の高さは上流の青梅付近が一番大きく、下流側にいくにつれて小さくなっています。そして前述したように、二子玉川付近で沖積層が立川段丘面を覆い、崖はなくなります。以上のように段丘面はそれぞれ勾配が異なるので、2つの面が隣接していると新しい方の地形面が古い地形面を覆う現象が見られます。これを「地形面の交差」と言います。

さて、どうしてこのような、地形面の交差が起きるのでしょうか。その原因は第4章でお話しした「氷河性海水準変化」にあります。

海面の上昇と段丘

氷期に大陸氷床の成長によって海水準が下がると、沿岸部では低下した海水準に合わせるため河川は削られ、下流部には最大で深さ100mに達する大きく深い谷ができます。

さらに、氷期には平均気温が低下します。日本付近では平均気温が5℃低下し、関東地方は現在の札幌市付近と同じような気温になったと考えられています。そしてこの影響を最も受けるのは山の植物です。

高い山に登山される方は、3000m級の山に登ると、そこに高い木は生えておらず、背の低いハイマツが部分的にしか生えていない光景をご覧になったことがあると思います。高い山には「森林限界」というものがあって、そこから上には樹木が生えません。これはツンドラと同じ環境で、気温が低いためです。氷期にはこの森林限界が大きく低下します。現在の日本の本州中部では森林限界は標高約3000mですが、氷期にはこれが2000mまで下がりました。関東山地の上流部には標高2000m以上の山々があり、その周辺では樹木がなくなって、岩石の露出するはげ山となりました。氷期と言っても雨は降りますので、樹木を失った山々は、植物の根による押さえがなくなったため崩壊が多数発生しました。その結果、河川上流部で砂礫が多く作られ、それが谷を埋めて川が高くなったのです。平野に入ると古い地形は新しい砂礫に覆われ、広い扇状地が河原を拡げました。これが前述の立川段丘群です。

一方、氷期には低下した海水準に合わせるため河川は川を掘り下げ、広く深い谷を作りました。つまり氷期の河川は上・中流部では川の高度が上がり、一方の下流部では谷ができ、川の高度は大きく下がりました。

その後、後氷期になると気温の上昇によって山地上流部に森林が復活し、森林限界は上昇しました。植物のおかげで山地で砂礫があまり作られなくなり、一方、雨はたくさん降るので浸食力と掃流力を増した河川が氷期に埋めた谷を今度は掘り下げ、峡谷を作り始めました。現在の奥多摩や相模川の上流では、氷期に作られた段丘の脇に現在の河川が峡谷を掘り込んでいる様子が見られます。これに対して下流部では、氷床の融解による海面の上昇で氷期に掘られた谷に水が入り、やがて沖積層に埋められていきました。海面の上昇に合わせて河床高度は上昇し、その結果、後氷期である現在の河川は、氷期に作られた段丘面よりも緩い河床勾配を示しています。

武蔵野台地と玉川上水

さて、徳川家康が江戸に居を定め城下作りを始めてから、町は急速に発展し、人口も急増しました。その結果、飲料水が足りなくなってしまいました。城下となった江戸城の東側は海を埋め立てた場所なので、井戸を掘っても塩水しか得られません。当初は飲料水を台地からの小規模な湧水や神田川、石神井川などの台地を刻む河川の水、さらには赤坂溜池の貯水などに頼っていましたが、江戸の人口が増えてくるとそれではとても足りません。

そこで幕府は多摩川から江戸市中に上水、つまり飲用水を引く計画を立てました。当初の目的は江戸城中で使う水や、城の西側にある武家地の上水確保だったようです。老中で川越藩主の松平信綱が工事総奉行となり、多摩出身の庄右衛門と清右衛門の兄弟（後の玉川兄弟）が開削工事を請け負いました。幕府からは工費として6000両が支給され、1653年（承応2年）4月に工事を開始し、同年11月には多摩川沿いの羽村から四谷大木戸（新宿御苑の北東端、現在の四谷四丁目交差点付近）まで43㎞の水路掘削を完成させたといわれています。しかし、予想外に経費がかかり、羽村から甲州街道の高井戸まで掘削した時に資金が尽きてしまいました。兄弟は市中に持つ家屋敷などの私財を売り払って3000両を工面し、工費に充てたといわれています。ただ、玉川上水に関する詳しい資料は、上水開削《かいさく》の140年後に書かれた『上水記』（1791年）と150年後の『玉川上水起元』（1803年）しかなく、開削工事前後の詳しい事情はわかっていません。この功績により、幕府は上水完成後、兄弟に玉川の姓を許すとともに、300両の褒賞金を与えています。

こう見ると、兄弟は大赤字で仕事をしたように思えますが、実は玉川上水の完成後、水役という仕事を与えられ、江戸市中での上水利用の水金《みずがね》、つまり住民から水道料を徴収する権利を得たのです。これで十分に元は取れたと思われます。しかし、80年後の1739年（元文4年）、幕府は玉川上水の管理不十分を理由に庄右衛門、清右衛門の両名（家）を水役から罷免《ひめん》し、庄右衛門家は江戸を追放されました。この処分の本当の理由はわかりませんが、都市のインフラである水道事業を、玉川家という民間業者から幕府直轄の事業に切り替えようとする動きの一環だったのではないかとする考えもあります。

玉川上水は取水口の羽村から武蔵野台地の上を開削して水路を作り、43㎞先、江戸の四谷大木戸まで水を送っていました。羽村と四谷大木戸との標高差は約100mありますが、四谷大木戸は淀橋台という古い段丘の上にあるので、段丘面の上にただ水路を掘っても段丘の上に水を運ぶのは困難です（何しろ当時は現在のような動力ポンプはなく、重力作用で上から下に水を流すしかないのですから）。

しかし、玉川上水は時代ごとに異なる段丘面の勾配の違いを利用して若い段丘の上から古い段丘の上に次々に乗り換えながら、しかも各地に分水できるよう、扇状地の分水嶺に

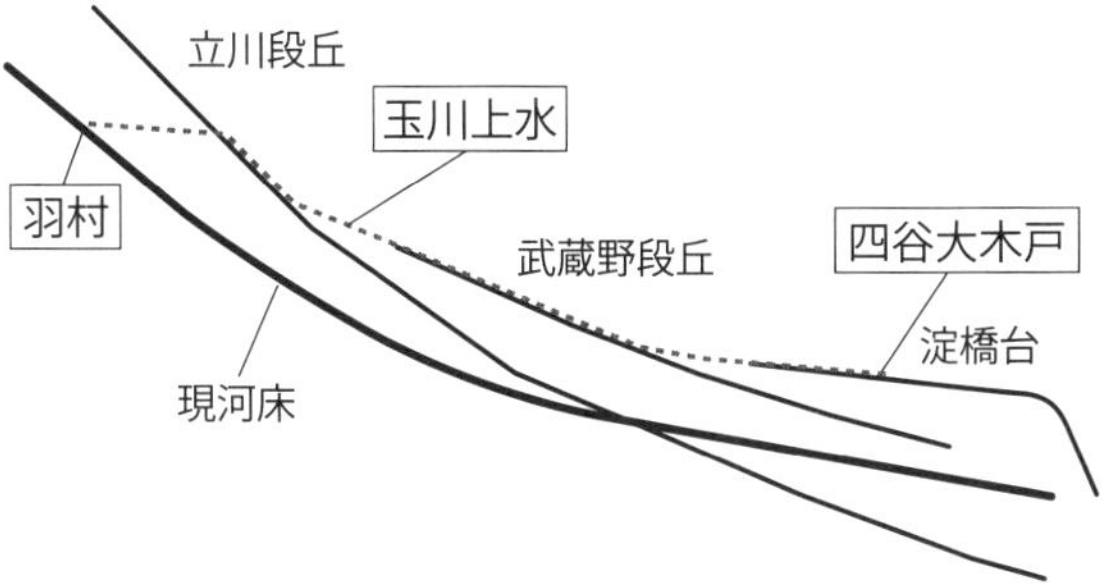

図6-5　武蔵野台地の段丘勾配と玉川上水

あたるところに巧妙に流路が設置されました。『上水記』などによれば、この工事は非常に短期間で行われたことになっていますが、地図もない地域にあちこち分水が可能なように、扇状地の分水嶺付近に水路を掘っていることなどから考えると、事前に相当綿密な調査と設計が行われていたと思われます。さらに、わずか8か月の突貫工事でこのような大工事を完成させたのは驚くべきことです。人のほとんど住んでいなかった武蔵野台地の中での、全て人力による掘削です。近隣の村々から人を動員するといっても、村自体が近くにないのですから、労働力の確保はたいへんだったに違いありません。

四谷に多摩川の水を運ぶために、武蔵野台地の地形的な特徴を非常にうまく利用して、現在の知識から見ても最も合理的な水路のルートが選ばれていたのです。

玉川上水は動力ポンプがなかった時代に武蔵野台地の

地形面の交差を利用して、一番新しい低地面を流れる多摩川の水を、古い段丘で相対的に高いところにある淀橋台の上に運んでいるのです。もちろん、どこでも段丘面は下流に向かって下がっていますので、それより緩い勾配の水路を段丘崖に設ければ、下の段丘から上の段丘に水を送ることはできます。しかし、それは平坦な段丘面の上に水路を開削するよりはずっと難工事で、しかも、うまく淀橋台まで水を持ってくるには、取水する場所は限られていたと思います。

地形学的に考えると、玉川上水の工事で最も難しかったのは、羽村の取水口から比高の大きな段丘崖に斜めに水路を作って、上の立川段丘上に水を運ぶところだと思われます。羽村付近は難工事で工事が中断し、川越藩士の安松金右衛門が流路を設計し直したという話が伝わっていますが、それにはこのような事情があったのかも知れません。

玉川上水は、気候変化によって形成された勾配の異なる交差する段丘をうまく利用することで初めて通水が可能になりました。関東平野に広がる台地の中では、東に傾く武蔵野台地にしかこのような人工水路は作れなかったのです。平野の東側の台地は関東造盆地運動の影響で東側と南側が高くなっており、十分に水を供給できる上流部と河川勾配がなかったからです。玉川上水は江戸の発展と市民の生活のために重要な役割を果たしました。つまり、江戸の発展は、気候変化を反映した武蔵野台地の地形特徴と関東造盆地運動に負うところが大きいと考えられます。

第7章　活断層が平野を作る

活断層と大地震

私が研究者になった40年前、活断層は社会的にはまだほとんど認識されておらず、その言葉を知っている人もごくわずかでした。しかし、現在の日本では多くの人がこの言葉を知っており、かつ恐怖や嫌悪を感じているように思います。

活断層の存在とその恐怖を全国的に知らしめたのは、1995年（平成7年）の兵庫県南部地震（災害としては阪神・淡路大震災）でした。研究者の間で活断層としてすでに存在が知られていた神戸の六甲山の麓を走る六甲断層系が活動したことによって、マグニチュード（M）7・3の大地震が発生しました。断層の直上にあった神戸を中心に家屋の倒壊や火災が多数発生し、犠牲者は関連死を含めて6400人に及ぶ空前の大災害となりました。

この地震以前は、1970年代に伊豆半島の活断層からM7程度の地震が2回ほど発生してはいたものの、1948年（昭和23年）の福井地震（M7・1）から約50年間、日本では大地震、特に「内陸地震」による震災は起きていませんでした。また、日本では歴史上しばしばM8級の巨大地震がありましたが、その多くは太平洋側の海洋プレートが日本列島の下へ沈み込むことよって引き起こされる、プレート境界の巨大（あるいは超巨

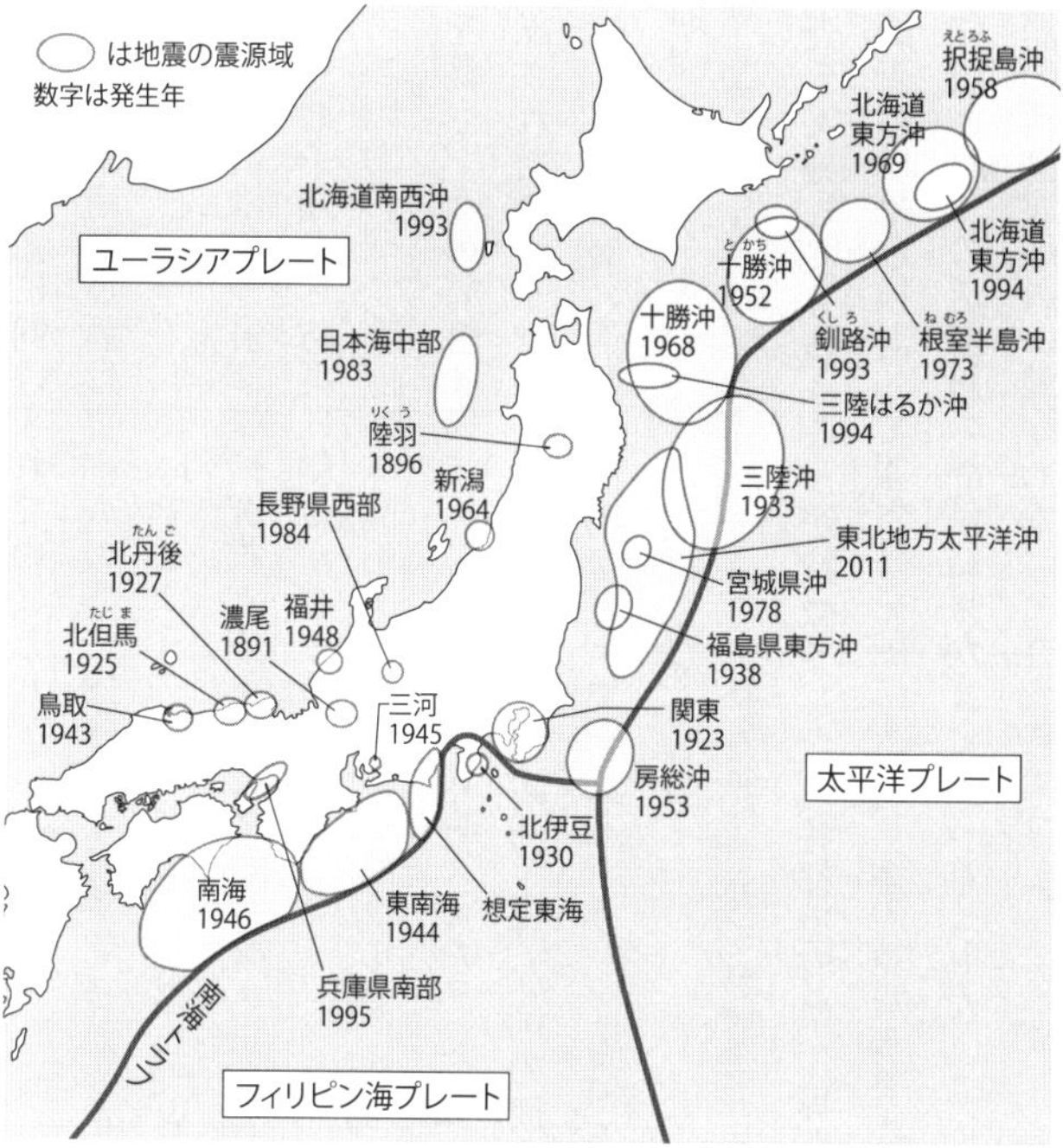

図7-1　日本周辺の被害地震の震源分布

大）逆断層の活動が原因でした。２０１１年（平成23年）の東北地方太平洋沖地震も１９２３年（大正12年）の関東大地震もこのタイプの大地震でした。このような地震を「海溝型（巨大）地震」と言います。１９９５年以前は南海トラフ北東端の駿河トラフからのプレート沈み込みによる東海地震の発生が心配されたこともあり、国民の関心はもっぱら海溝型地震やその予知に向けられていました。

兵庫県南部地震は日本人の心に内陸直下地震とそれを引き起こす活断層の恐ろしさを焼きつけたと言っても良いでしょう。この地震を契機に、首相を本部長とする地震予知研究推進本部は「地震調査研究推進本部」と名称が変わり、国の地震防災体制は地震予知、特に短期予知から防災に軸足が移りました。

これによって活断層の調査体制も大きく変わりました。繰り返し動く活断層の活動履歴を調べ、その特性を踏まえて次の地震に備えるために、活断層の活動史研究の重要性が認識されたのです。それまでは地質調査所のような国の研究機関や大学が学術研究として細々と活断層の活動史解明を行っていましたが、1995年から国の主導で調査（活動履歴調査）が行われるようになったのです。

これは当時の科学技術庁（現在の文部科学省）が都道府県に交付金を出して活断層の調査を実施してもらうことが特徴でした。各都道府県で専門家を交えた調査委員会を作り、調査の成果を検討して報告書を国に上げ、国の地震調査委員会でその内容をさらに検討して国としての活断層の評価結果がまとめられました。この交付金調査を通じて、主要活断層の活動履歴の一端がわかってきたのです。

活断層は過去に何回も活動を繰り返しています。ですからその最新の活動時期と過去数回の活動時期から平均的な活動間隔（繰り返しの周期）を推定するのが活動履歴調査です。しかし活動履歴を完全に解明するには資金と人、特に調査を行う能力のある人が必要ですが、現状ではそれが確保できないため、不十分な調査に終わっているものが少なくありません。

活断層の活動履歴は、仕様書どおりに調査を行ったからといって、あるいは人工的な振動を地下に送ってその反射波を調べる反射法探査で地下に断層らしきものが見えたからといって、それで解明できるものではありません。多数のデータを集めて合理的な解釈をすることが重要で、調査する人間の判断能力に頼るところが大きいのです。追加調査も行われていますが、それでも最終活動時期や周期には大きなばらつきのある値（不確実性の大きい値）しか得られなかったものが少なくありません。そのため「一端がわかってきた」という表現を用いたのです。

地震の発生確率とは

国はこの調査の成果を活用して、2005年から「全国地震動予測地図」を公表しています。この予測地図は「確率論的地震動予測地図」と震源を特定した「地震動予測地図」で構成されていて、ある地点（1㎞四方）で今後30年間に受ける強い地震動の超過発生確率（ある強さ以上の地震動を受ける確率）を表示することが中心です（コラム❷参照）。全国を概観した確率論的地震動予測地図では、西南日本から関東地方の太平洋沿岸地域に高確率の地域が並び、日本海側に向かって低確率の地域になっていきます。太平洋沿岸で海溝型地震の起きる発生確率が高いのに対して、内陸では発生確率が低い活断層などから地震が起きるためです。

この図で注意すべき点は二つあります。一つは「今後30年間」の意味です。1年でも100年でもなく30年としているのは、それが人の一生の区切りとなる期間だからです。生まれた子どもが大人になる期間でもあるし、学校を修了して仕事に就いた人が引退するまでの期間でもあり、あるいは老後の生活を送るおよその期間でもあります。30年というのは人生設計や将来計画の目安となる時間の長さなのです。

もう一つは、この図は確率値の高いところで地震の発生が切迫していることを示すものではないことです。30年という期間で見れば確率の高いところは低いところよりも大地震が起きやすいことは確かですが、どちらが先に起きるかは別の話です。

これは箱を廻して玉を出す福引きを考えればイメージしやすいかもしれません。当たり玉のたくさん入った（当たる確率が高い）ものと当たり玉の少ない（当たる確率が低い）ものの2台の福引き台があったとして、最初に台を回した時、必ず確率の高い方から当たり玉が出るわけではありません。確率の低い方から当たり玉が出ることもあります。また、確率の低い福引き台を何台も用意してそれぞれ回せば、どれかの台で高確率の台より先に当たりが出ることもあります。最近の大地震はみな確率の低いところで起きているので、この図はあてにならないという批判がありますが、最近の地震が確率の高いところよりも低いところで起きているのはこういうことです。

活断層とはそもそも何か

地震は地下の断層運動によって発生しますが、地震の大きさ（マグニチュード）は地下で動く断層の面積に比例します。海溝型地震はプレートの沈み込み面の巨大逆断層のずれによって発生するので、この断層面はマントルの中まで延びるのでいくらでも大きくなり、1960年のチリ地震（M9・5）のような超巨大地震が発生することもあります。

これに対し、活断層による直下地震のような内陸の地震は断層の大きさが限定されます。日本列島の場合、島弧の地下は高温なので地震の起きる範囲が限られます。強い震動を起こす断層運動は地下の硬い岩盤の中でしか起きません。これは「地震発生層」と言われ、地下およそ3～20㎞の深さに分布しています。それより深い部分は高温のため岩石が軟らかくなり、断層に歪みを溜められません。浅い方は上方が大気と接しているので、これも軟らかくて歪みを溜められません。このために地震が起きる、つまり断層運動が起きるのは地震発生層の中だけだということです。

そして、この地震発生層の厚さが断層の幅の上限を決めます。そのため、地震の大きさは断層の長さに比例します。これまでの経験では長さ20㎞の断層ならM7程度、長さ80㎞の断層ならM8程度の地震が起きることが知られています。観測史上では1891年（明治24年）に起きた濃尾《のうび》地震（M8・0）の長さ80㎞の断層のずれが最大です。

M6・5以下の地震はずれる断層の面積が小さく、ずれは地震発生層の中だけで収まるので、地表に断層のずれ（地震断層）が現れることはありません。しかし、マグニチュードが6・5以上になると、断層のずれは地震発生層の幅全域に及びます。すると断層が地表付近の（深さ0～3㎞）の被覆層を貫いて地表に延び、地震断層を出現させるのです。

図7-2は地下の断面を示したものです。これまでの説明のほかに、断層面の傾きの違

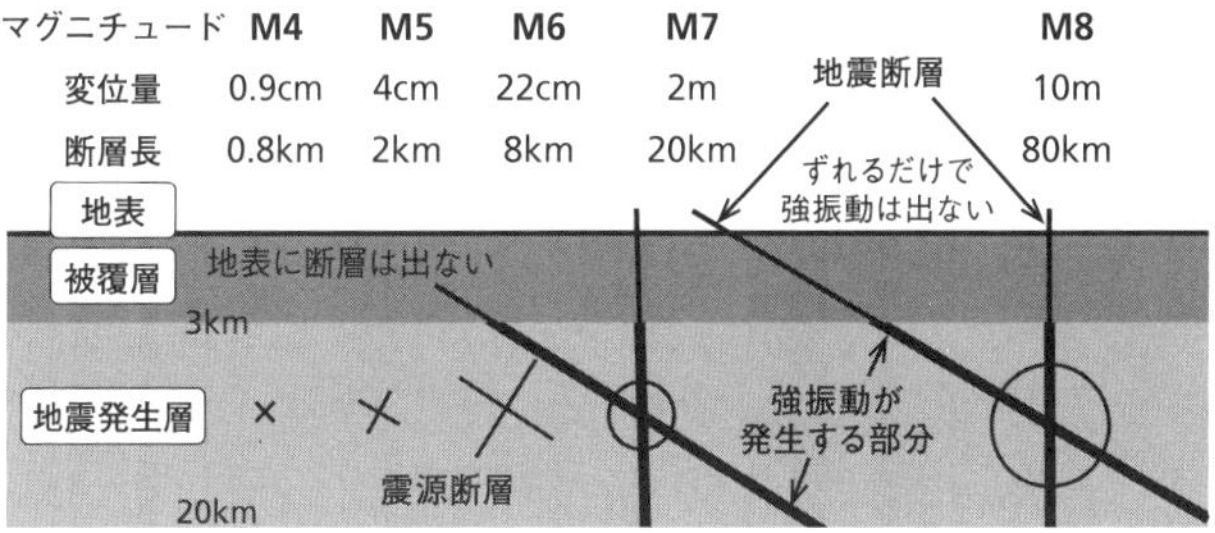

図7-2　地震発生層と震源断層、地震断層の関係

いによって地震断層が地表に出現する場所と強震動が大きい場所とが離れることがあることも示しています。

活断層とは地表に現れた地震断層のずれが、次の地震発生まで生き残り、そこに新しいずれが加わって、ずれで生じる断層地形（断層崖や横ずれなどの断層のずれた地形）が大きくなっているものです。ですから活断層とは、地表にずれの証拠を残している断層です。活動間隔が長いため、浸食されたり埋められたりして断層変位が消えることもありますが、多くの場合、断層沿いのどこかに変位の証拠が見つかります。

Ｍ６級の地震が起きた時、地表に地震断層が確認されなくても、地震波を調べて分析すると地震を起こした地下の断層の位置が特定されることがあります。この時、「地下で未知の活断層が見つかった」などと報道されることがしばしばありますが、これは誤りです。これまで見逃されていた活断層が各種の証拠から地表に見つかったのならそう呼んでもいいのですが、そうでなければ「震源断層」が活断層と誤解されています。震源断層とは地下で地震を引き起こした断層のことで、どんなに小さな地震でも断層のずれで引き起こされるので、震源断層は存在します。したがって、活断層とは地表で確認できる、かつ、過去に活動を繰り返し、将来も活動する可能性のある断層のことです。

地表付近で観察される断層とは、直線的な接触面を境にして、両側の岩石がずれて接していています。ただしこれは全ての断層に当てはまるので、それが活きている断層なのか、もう再び活動することのない死んだ断層なのかはわかりません。

では、活断層かどうかをいかに判断すればいいのか。これは最近の地質時代に繰り返し活動しているかどうかがポイントになります。基盤をずらしている断層があった時、その断層が基盤を覆って堆積した段丘堆積物を繰り返し何度も変位させている場合などは活断層と判断できるわけです。

最近の地質時代に活動を繰り返してきた断層は将来も活動する可能性があります。その場合、「最近の地質時代」とはいつのことを指すのかが問題になります。この言葉に時間の特定はありません。第四紀（260万年前）以降という人もいれば、後期更新世（12万5

000年前）以降を言う人もいます。

したがって、活断層の認定では「最近の地質時代」をあまり厳密に確定せず、活断層調査の目的に応じて、判定基準として最近の地質時代の範囲を独自に決めています。例えば原子力発電所の安全評価では、後期更新世以降に活動の認められる断層を「活断層」としています。

大規模な内陸直下地震が起きるわけ

これまでの活断層や地震断層の調査から活断層の繰り返し間隔はとても長く、数千年が普通と考えられています。1000年より短い繰り返し間隔の活断層は知られていません。歴史時代に2回活動した断層は北伊豆の丹那《たんな》断層だけだと言われています（平安時代と1930年に活動したと考えられています）。発生する地震は、これまでの最大が1891年の濃尾地震のM8・0、大部分がM7級です。

海溝型地震の100年程度の繰り返し間隔や最大M9級の地震規模と比べると、活断層から起きる内陸地震は低頻度で小規模です。これは日本列島にかかる地殻の歪みは、プレートの沈み込み運動でもたらされるものですが、その大部分は海溝型巨大地震で消費されてしまいます。そのため海溝型地震は大規模で高頻度なのです。そして、ここで消費しきれなかった残りのわずかのひずみが内陸に伝わり、地殻内に蓄積されて徐々に増えていき、限界に達したところで活断層の活動として放出されます。子どもがお小遣いの残りを少しずつ貯金して、少し高価なものを買うようなものです。

とはいえ、活断層が引き起こす地震も、ある時間の幅で見ると決して侮れません。明治以降の約150年間で、日本では死者1000人以上を出した大震災が12回発生していますが、海溝型地震によるものが、3・11の東北地方太平洋沖地震を含めて6回、活断層による内陸直下地震によるものが濃尾地震をはじめ6回発生しています。活断層は低頻度、つまり滅多に動かないはずなのに、そして規模も小さいはずなのに、海溝型に匹敵する震災を引き起こすのです。どうしてでしょうか。

一つの理由は日本列島に活断層が多いことにあります。先に福引きを例にお話ししましたが、一つ一つの活断層の活動は低頻度なものの、数がたくさんあるので、ある時間の範囲では日本列島内のどこかで活断層が動き、中には大震災を引き起こす場合もあるというわけです。

もう一つの理由は、「活断層による地震」は人の住んでいるところの近くで起きるということです。その理由は後述しますが、震源となる断層が近くにあるので、減衰していない強い揺れがある狭い範囲を襲います。そのため、そこでは海溝型地震を上回る大災害が引き起こされることが多いのです。強い振動の範囲が限定されるので、その地域を少し離れると急速に被害はなくなります。

現在は小規模でも災害が起きるとマスコミが現地に飛んで行って被害の様子を詳しく全国に伝えますが、戦前・戦中まではそうしたことは行われませんでした。戦時中に起きた1943年(昭和18年)の鳥取地震や1945年(昭和20年)の三河地震、海溝型地震としては1944年(昭和19年)の東南海地震は、報道管制によって地震が起きたことすら国民に十分に伝えられませんでした。そのため、震源地のごく少数の人しか活断層による地震災害の悲惨な実態を知りませんでした。

1995年の兵庫県南部地震の時、関西の人は地震といえば1946年(昭和21年)の南海道地震のことしか思い浮かばず、ある市長は「関西にこんなに大きな地震が起きるとは全く想像していなかった」と言っていました。多くの人がそう思っていたと思います。しかし、上に述べた6つの活断層による震災は、全て関西および名古屋圏の周辺で起きています。多くの人が知らなかったのは、まさにそういう情報が伝わっていなかったことを示しています。

活断層を「悪者」にするもの

この章の冒頭でお話ししたように、多くの方が、活断層のことを地震を引き起こす恐ろしいものと思っているのではないでしょうか。また、あなたが住んでいる場所の近くに活断層があると言われれば、ものすごく不安になったり、あるいは真剣に大地震の発生を心配したりする方もいると思います。あなたの家は活断層の上にあると言われれば、本気で引っ越しを考える方もいるかもしれません。

確かに活断層は人間にとって恐ろしい存在であることに間違いありません。そして、活断層への対策は、その上に家や構造物を建てないこと、断層の上を空き地にすること、つまり断層線の上をともかく避けることが提案されているだけです。

アメリカのカリフォルニア州には提案者の議員の名を採った「アルキスト・プリオロ地震調査地帯法」という法律があります。この法律は活断層の周辺の地域をあらかじめ調査地帯として帯状に指定し、レストランやアパートなど複数の人々が集まる商業施設を建てる時には活断層の有無を調査しなければならない、というものです。調べた結果、断層が見つかれば建物の建築は許可されず、ほかの場所に作らなければなりません。このような法律を日本にも作るべきだと言う人もいます。自治体を説得して回っている人もいるという話を聞きました。

私は以前からこのような動きには一貫して反対の立場を取ってきました。それは、この活断層に対する土地利用規制の議論がリスク、つまり人間に対する危険性の観点からではなく、活断層調査の観点だけから行われていると思われるからです。

アルキスト・プリオロ法のパンフレットを見ると、この法律で防ぐべき対象としているのは断層運動による構造物の剪断《せんだん》破壊（ずれて壊れること）のみで、そのほかの地震災害は対象としない、ほかの規制でする、と書いてあります。これによって断層で家が壊れて人が亡くなったり負傷したりすることは確かに防げるかもしれませんが、地盤が弱くて家が倒壊しても同じことは起こります。火災が起きれば断層の上よりはるかにたくさんの人が被害を受け、命を落とす人も多数出るでしょう。人間にとって地震の時、命を奪われるほどの危険なことが、活断層のほかにももっとたくさんあるにもかかわらず、なぜ活断層の土地利用規制だけが問題とされるのでしょうか。

活断層研究の立場からなら、この法律を推進する理由はよくわかります。活断層を強制的に調査させることができるため、研究者の仕事や調査資料は格段に増えるからです。そうすれば研究は進み、新しい事実もどんどんわかるでしょう。それらを使って論文を書けば研究者としての業績は増えます。メリットが大きいのです。

でも、たまたま活断層の上にあるアパートに住んでいる人や土地の所有者は、いつだかわからないけれど断層がずれるかも知れない、ずれたら家が壊れるかも知れない、壊れたら命が危ないという、いくつも可能性を積み重ねて危険だという理由で、移住させられたり、資産価値を大幅に減らされたりと、負担が増えるだけで何のメリットもありません。

以前、日本でもこの法律の制定を推進すべきだ、土地利用規制を行うべきだという研究者と話をした時、彼は、「でも（規制した方が）やらないよりましでしょ」と言っていました。確かに誰にもデメリットがなければ規制した方がましでしょう。しかし私は、土地利用規制には、居住者や土地所有者に大きな負担を強いることになるため、そのデメリットを上回る社会的なメリットが必要だと思います。その上で、やむにやまれずやるべきものです。社会的な規制とは本来そういうものではないでしょうか。低頻度の現象に厳しい規制を行うならば、その根拠は「やらないよりやった方がまし」などという気休め的なものではないだろうと思います。

また、土地利用規制については、日本とアメリカ、特にカリフォルニアとは事情が大きく違います。土地の広いカリフォルニアなら、断層の上に住む必然性は全くありません。断層が通っていない土地が周囲にはいくらでもあるからです。しかし日本ではそうはいきません。日本では地方に行っても、集落は農地を確保するため、平野や盆地の縁の狭いところに建物が密集している場合が多く見られます。そうして何代にもわたっていろいろな危険を乗り越えてそこに住み続けてきました。後でお話ししますが、日本の活断層はこういうところを通っている例が多いのです。そういうところに土地利用規制をかけ、いつ動くかわからない、動いても死ぬような被害になるかどうかわからない断層の上をある幅で空けておくというのは、そのメリットとデメリットを考えた時、どう見ても非現実的でバランスを欠いており、妥当な判断とは言えません。

兵庫県南部地震と活断層

1995年の兵庫県南部地震では、淡路島にある野島断層という活断層が活動したことにより大地震が起こりました。地震発生後、地表に現れた地震断層を追跡調査すると、断層は淡路島の西側の海岸沿いに出現しました（図7−3）。断層の東側には津名丘陵という

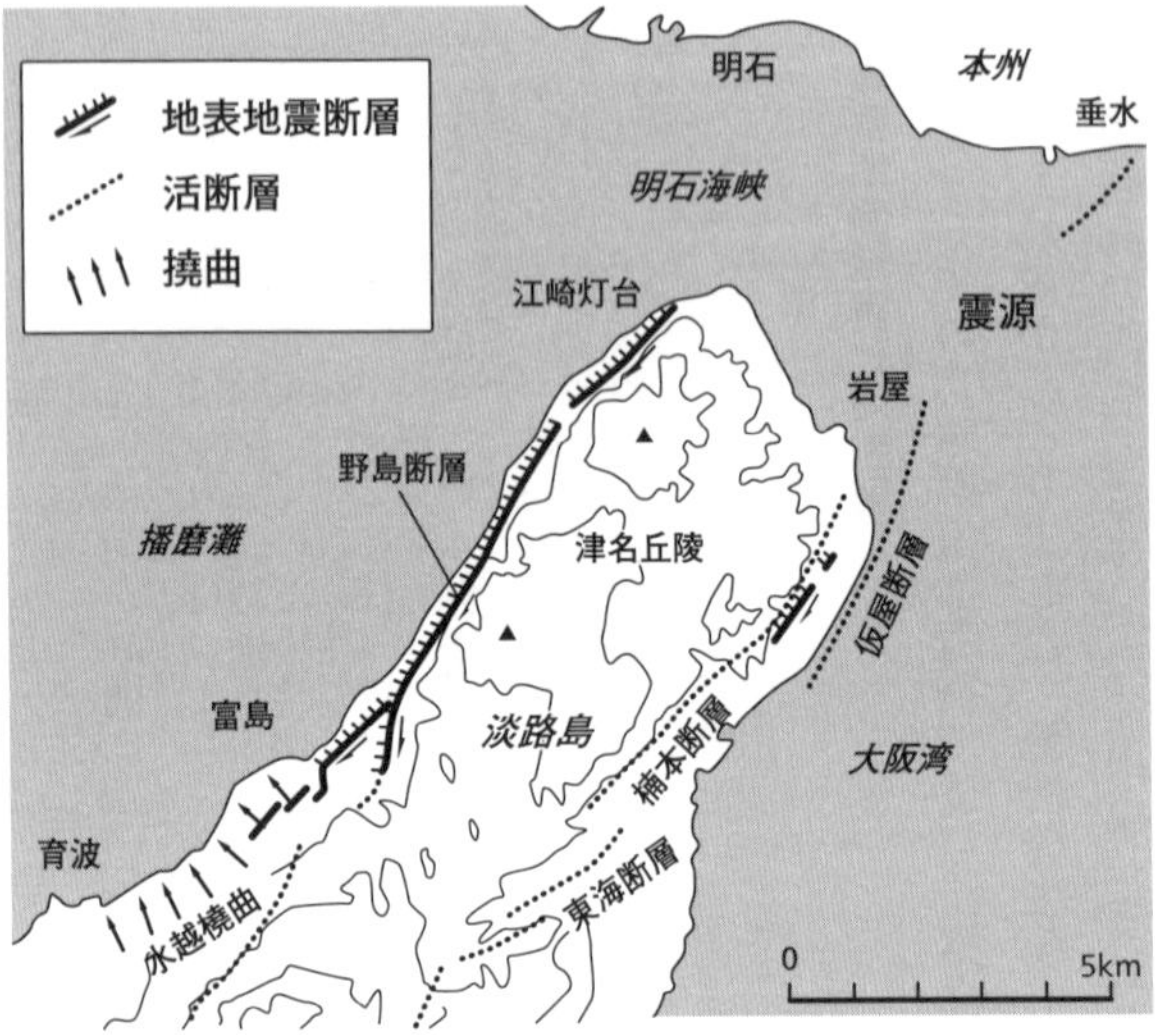

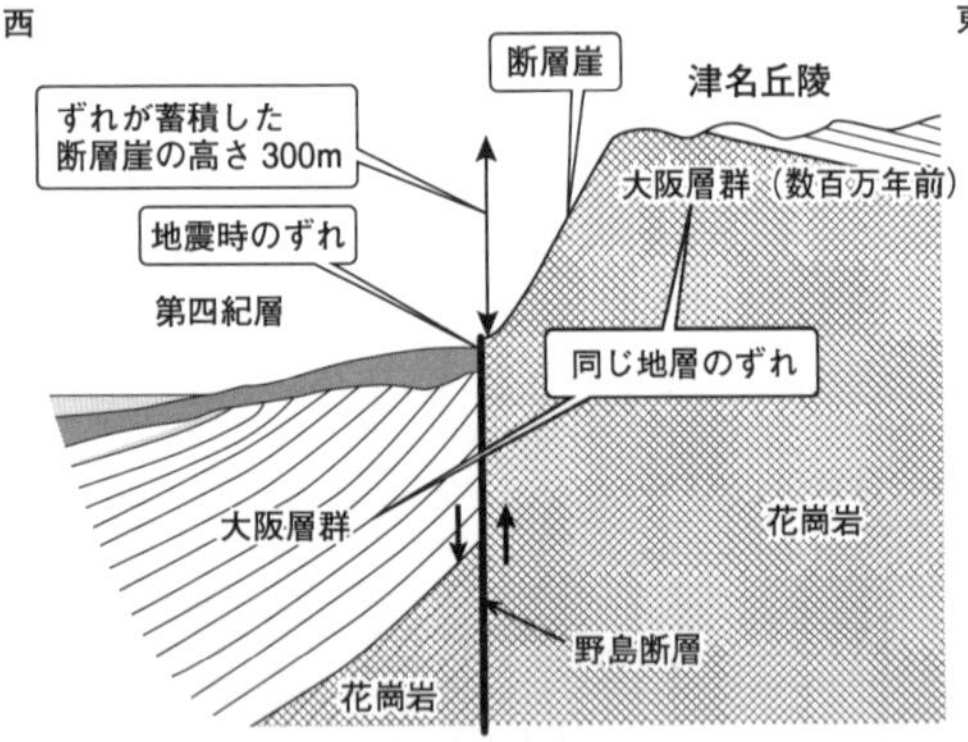

図7-3　淡路島の活断層と地震断層（上）と淡路島の東西断面図（下）
断層は繰り返し動いて地形の高度差を作る

標高300mの丘陵があり、北東方向に延びる直線的な急崖を介して海岸沿いの低地と接しています。地震断層はこの急崖の麓に現れ、そこには過去に断層が繰り返し活動してきたことを示す破砕帯も認められました。急な崖は断層運動の繰り返しで作られた「断層崖」と呼ばれるものです。

また、断層東側の津名丘陵は基盤の花崗岩で構成されていますが、その上には西側では海岸から海底に分布する、「大阪層群」と呼ばれる100万〜200万年前の地層が分布しています。つまり、大阪層群は断層によって大きくずれている（変位していると言います）のです。そのずれの量（変位量）は上下方向で約500mと推定されます。1995年の野島断層の活動は上下方向に約1m、左横ずれ約2mでしたので、過去にも同じような断層運動が繰り返されていたとすると、大阪層群の堆積以降、約500回の地震が繰り返されてきたと考えられます。兵庫県南部地震はこのように地層をずらし、地形に大きな段差（食い違い）を作る断層運動の一コマが我々の前で演じられたものだったのです。

この地震は1948年の福井地震を上回る犠牲者を出した、当時戦後最大の地震災害でした。そして地震の原因が内陸にある活断層の運動であったため、災害の原因として活断層が注目されたわけです。神戸市内に「震災の帯」と呼ばれる震度7のゾーンが細い帯状に出現したため、地下の伏在活断層が動いたと注目されましたが、余震観測などを続けると、「震災の帯」のところはどの地震でも他の地域より揺れが大きく、地下構造のため地震波が集中する、揺れやすい地域であることがわかりました。

この地震の結果、日本では活断層は怖い、恐ろしいというイメージが定着してしまったのです。これは一般の人々だけではなく、マスコミ関係者や研究者にまで定着していま す。

近年は原子力発電所の再稼働が問題となっていますが、それを複雑にしている原因の一つは活断層の存在です。そもそも活断層かどうか(原子力規制委員会は「将来活動する可能性のある断層」と呼んでいます)を判定することが難しいのですが、問題を一層難しくしているのは、規制委員会は疑いのある断層に対して活断層の可能性を否定する情報を求めるばかりで、工学的な対応策、地盤を強化したり補強したりすることを一切認めないことにあります。その背景には活断層はとにかくその上にあるものを全て破壊する、断層のずれを食い止めることはできない、という考えがあると思われます。今後、免震構造の活断層版として、断層のずれに対抗する耐変位研究や耐変位部材の開発を急ぐ必要があると思います。

立川断層の破砕帯誤認問題

東京にも立川断層という活断層があります。立川断層は武蔵野台地の立川段丘を食い違わせている活断層です（第6章参照）。その断層地形は6mほどの高度差が幅150mほどの間に生じて、緩い坂ができていることが特徴です。

この坂は、断層南端の国立市矢川から北端の青梅市藤橋付近まで、段丘面上の断層線の全域にわたって認められます。これは「撓曲」という断層の変形様式の一つで、地下の断層を厚い未固結の礫層が覆っているため、断層がずれた時に礫層の中でずれが分散して、地表付近では礫層や地表面の緩い傾きとして現れます。これが緩い坂が作られた原因で、日本では各地の活断層に同じような現象が認められます。このような変形が起きれば、断層のずれで両側の岩石が破砕され粘土化してしまう破砕帯は地表近くには現れません。

2013年（平成25年）、東京西郊の立川断層のトレンチ発掘調査で「破砕帯誤認問題」が起きました。何のことかわからない方がほとんどだと思いますので、少しご紹介したいと思います。

これは東京大学地震研究所が文科省から調査費を受けて実施した立川断層の研究で、自動車工場跡地でのトレンチ発掘調査によって「破砕帯」が認められました。そこで調査現場の公開を行い、2日間で1万人以上の人が見学に訪れました。しかし、これは実際には破砕帯ではなく、礫層の中に穴を開けてそこに埋められていたセメント材でした。見学した時におかしいと思った人はたくさんいたのですが、裸の王様と同じで、おかしいという声は現場では上がりませんでした。しかし見学終了後、現場から「破砕帯」を持ち帰った人がそれに塩酸をかけてみたら泡がブクブク出て、石灰質の物質、すなわちセメント材であることがわかりました。その後、破砕帯が誤りだったことは調査者自身が認めて訂正を行いました。

しかし、文科省に提出されたこの調査の最終報告書を見ると、緩い坂は撓曲変形による断層地形ではなく川の浸食でできた崖であるとか、立川断層は箱根ヶ崎より南東には存在しないなどと、これまでの研究を根本から無視した驚くべきことが書いてあります。これは地震調査研究推進本部のホームページで見ることができます。それによると、川の浸食地形とする根拠は礫層中の礫の並びのようですが、そういうところは工場の撤去時に地中の構造物などを取り除くために掘り返されて、さらに埋め戻した部分です。礫層が埋め立てだという証拠もあります。また、断層が存在しないという根拠は、自分たちが実施した反射法探査で断層が認められないことのようですが、普通なら反射法の精度を疑う方が先ではないかと思います。

とはいえ、そんな議論をするよりも、立川断層が狭山丘陵より南東へ延び、立川市街地を経て多摩川付近まで存在していることは、図7－4だけで十分説明できます。これは国土地理院が発行している都市圏活断層図の東京都国立市付近の部分ですが、立川段丘の立川2面と立川3面が多摩川の北側に並んでいて、それを立川断層が斜めに横切って、それぞれの地形面を下流（東）側が隆起するようにずらしています。ずれの量も立川2面の方が立川3面のずれよりも大きいのです。これは古い地形や地層ほどずれを受けている回数が多いので、ずれの量が大きくなるという「累積変位」にあたり、いわゆる変動地形として典型的な地形です。これを断層ではなく全て川が浸食で作った地形だと、どのように説明するのでしょうか。

どうしてこんな間違いが起きたのでしょう。「破砕帯」誤認は文科省の報告では準備不足などの理由が挙げられていました。しかし、その後に作成された最終報告書には先に述べたような理解不能な結論が書かれています。私には、この調査を実施した研究者が活断層を全く理解していないか、あるいは一部のデータの結果から思い込みだけで強引に結論を導いたと思えます。最近の活断層研究はトレンチ調査が主体になり、トレンチ壁面の観

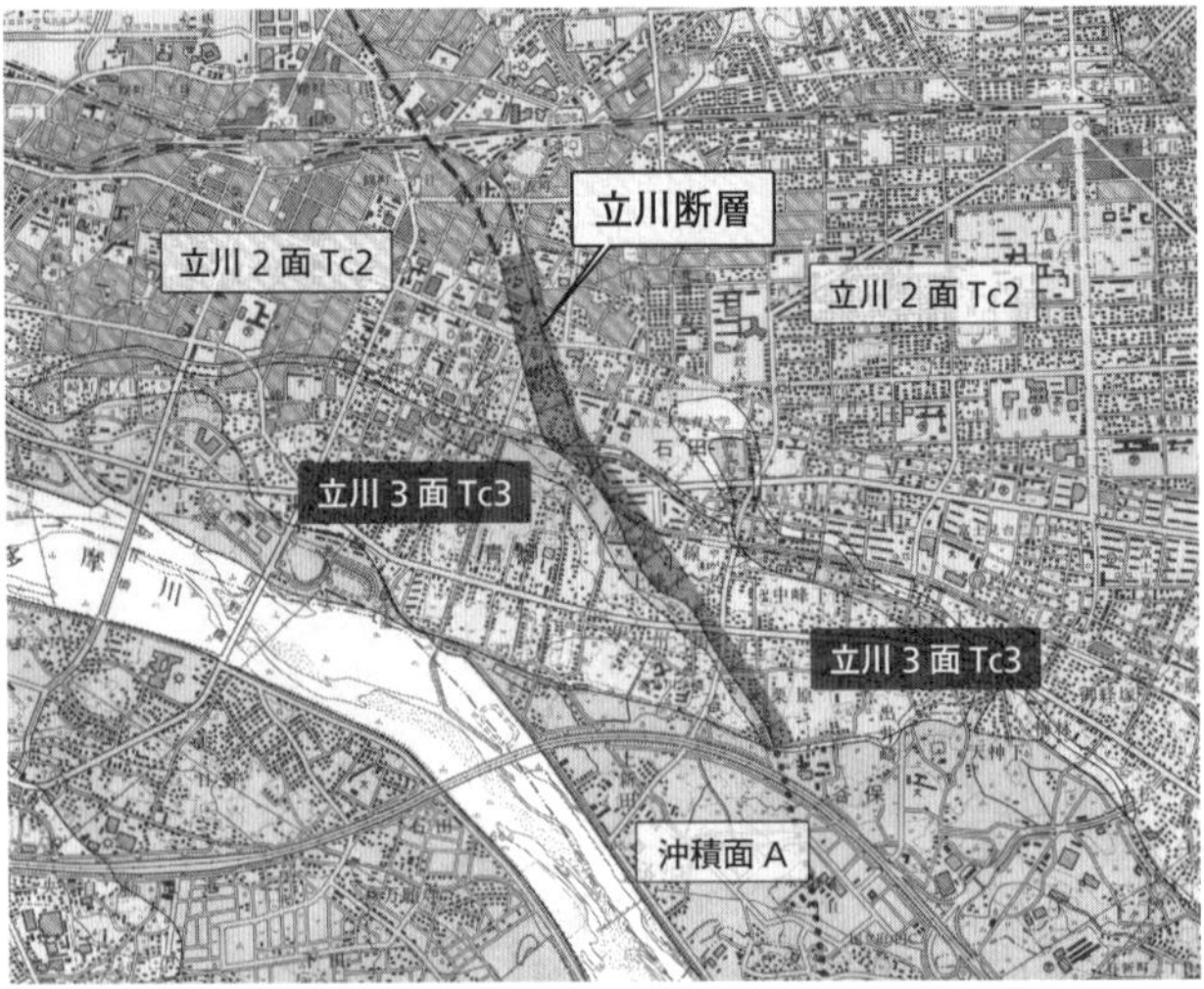

図7-4　国立市青柳付近の立川段丘群の分布と立川断層
（国土地理院1／2.5万都市圏活断層図［青梅］）

察と解釈だけで活断層の研究者として通用するようになってしまいました。地形のでき方をきちんと広く勉強しないで、限られた専門的な技術や知識だけで活断層を扱えば、このようなことが起きても不思議ではありません。もしかすると、こうしたことは活断層だけではなく、ほかの分野でも行われているのかも知れません。

国の税金を使って、どうしてこのような、いい加減な調査や報告が行われたのかは知りようがありません。ともかくこのような調査が行われたこと、そしてその結果が無批判に世の中に流布されたことは、活断層研究にとって恥ずべきことです。でも本当に心配なのは、このような研究結果と称するものを、防災関係者や地元の住民の方々がどう受け止めるかです。

活断層は平野を作る

自然はその中で生きている人類にメリットとデメリットを与えます。例えば火山は温泉や地熱のエネルギー、それに観光資源となる山々や湖の美しい景色を我々に提供してくれます。人々はそれを楽しみに現地を観光に訪れます。またそれによって、多くの人の仕事や職場も創出され、人々が生活を営むことができます。これが火山のメリットです。

しかし、いったん噴火が起きれば、2014年（平成26年）9月末の御嶽山の水蒸気爆発のように、どんな小さな噴火でも多数の人々の命を奪うことがあります。大規模な噴火では、山体が崩壊したり火砕流が噴出したり、さらにはそれが地球規模の気候変化を引き起こしたりと、一人一人の命だけでなく、国家や人類の命運までが左右される事態が起こり得るのです。これはデメリットです。しかし、その噴火が収まれば、前と様子や形は違うかも知れませんが、また美しい火山の景色や温泉などが戻ってきます。

台風も同じです。台風は毎年洪水や竜巻、あるいは集中豪雨を引き起こしてとても迷惑な存在に思うかも知れません。しかし台風が大量の雨をもたらしてくれるおかげで、我々は水田で稲作を行ったり、大量の飲み水や生活用水が得られたりして日常生活が維持できています。もし台風が来なければ稲作農業は成り立たず、食料不足や渇水にも悩まされます。

では活断層はどうでしょうか。デメリットはすぐにわかるでしょう。強い地震動、あるいは断層のずれによって家屋やインフラ設備が壊され、大きな被害が生じます。人命が失われることもあります。

しかし、活断層は我々に大きな恩恵も与えているのです。あまりに身近すぎて気が付かないかも知れませんが、活断層は我々の生活の場である平野や盆地を作っているのです。図7-5に日本のレリーフマップと活断層の位置を示しましたが、これを見ると活断層と平野・盆地の関係がよくわかります。日本の大きな盆地や平野の縁には必ず活断層があります。活断層が地形の凹凸を作り、下がった方の地域に河川が運んできた土砂が堆積して、扇状地や沖積地のような平坦地が作られるのです。

日本のような山地斜面の多い地域では、平坦地は極めて貴重です。平坦地は効率的に作

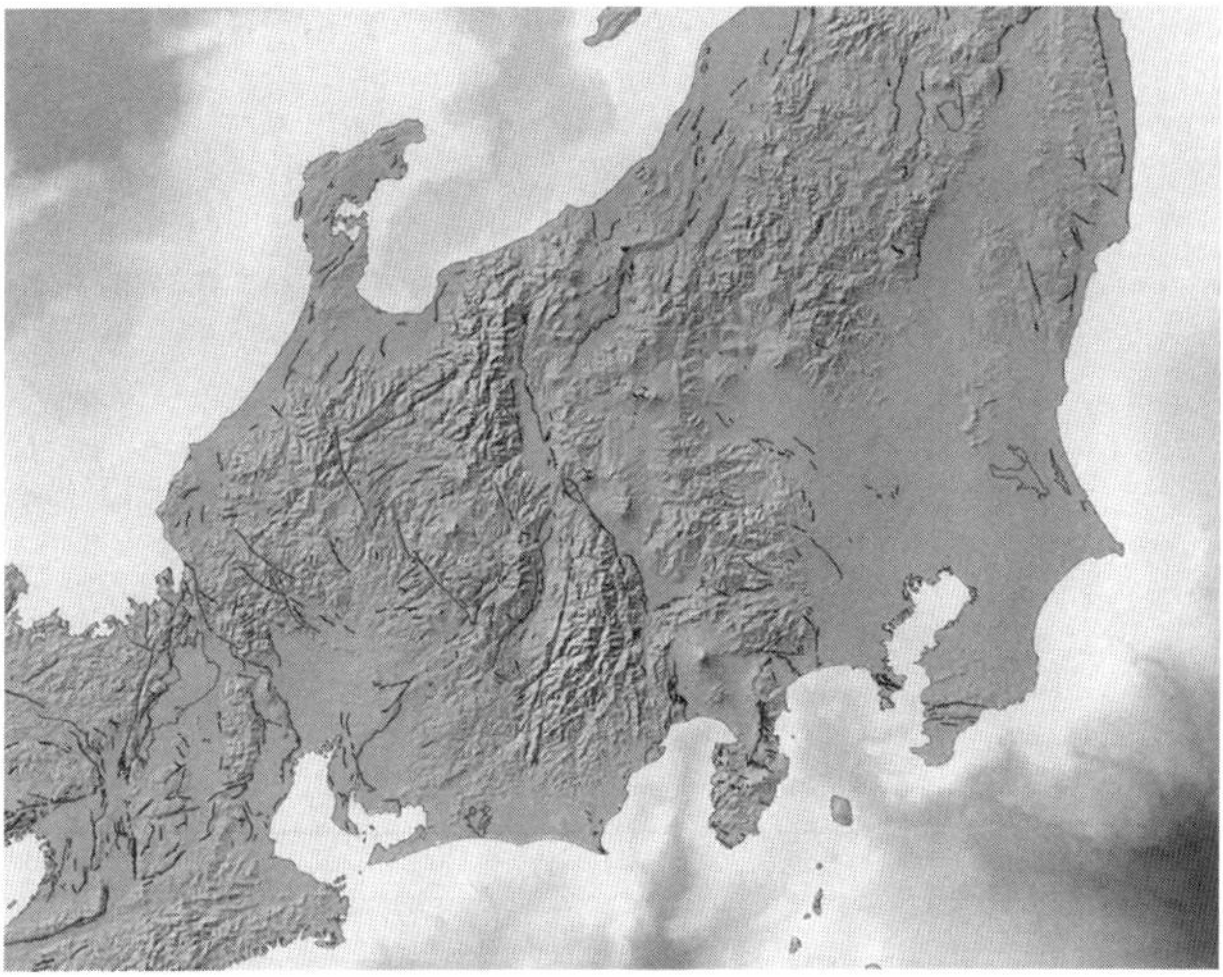

図7-5　日本の平野・盆地を作る活断層
活断層は日本の大きな平野や盆地の縁を限っており、その形成に大きく関与している

物を作ることができますし、物資の移送も斜面地よりずっと楽です。こうしたことから平坦地に人が集まるようになり、やがて町ができ、都市に発展していきます。それが「都市の近くには活断層が必ずある」という話と繋がります。日本の都道府県庁所在地のうち、半数近くは県庁の建物の５㎞以内に活断層が存在します。活断層で作られた平野や盆地の上に都市が発展したのですから、当たり前といえば当たり前なのです。

活断層がそばにあるからといって、危ない危ないと騒ぎ立てても問題の解決にはなりません。対策といっても具体的な方法はあまりありませんし、大規模な対策にはお金も時間もかかります。そして、その割に効果はあまり期待できません。

我々は活断層から多くの恩恵を受けており、それを踏まえて共生の道を探っていかなくてはなりません。私たちにできることは、一人一人が活断層や、将来その地域を襲うであろう地震の実態や自然のメカニズムをよく理解することです。日常から、いざという時の被害を最小限にとどめる努力をしなくてはいけないと思います。

コラム❷ 地震の確率はどう求められている？

活断層が決して我々にとって悪者ではないことをわかっていただけたのではないかと思いますが、それでも活断層が起こす地震を心配される方はいるかもしれません。そこで地震の発生確率について解説を補足しておきたいと思います。「今後30年で○○地震が起きる確率は……」とニュースなどで報道されたりもしますが、この数値は「地震発生確率評価」と呼ばれる方法によって算出されています。

地震発生確率評価は、断層運動、つまり地震の最新活動（発生）時期と平均再来間隔から求めます。再来期間にはばらつきがあり、「ＢＰＴ分布」と呼ばれる図表のような発生確率の分布（確率密度分布）をします。

同じ地域においてほぼ１００年間隔で地震発生を繰り返している海溝型地震の場合、もし最後の活動から80年経っている（経過時間が80年の）場合、今後30年間の地震発生確率はａの部分の面積がａ＋ｂの面積の何%を占めるかで表現します。「確率値＝（a／a+b）×100」といわけです。

当然ながら、1年経つとaの部分は右側に移動していくので、確率値は毎年少しずつ増えていきます。この方法では、地震が起きなければ毎年確率値は上がっていくのです。

海溝型地震は100〜300年程度の再来間隔を持つものが多いので、30年間の確率は前の活動からの経過時間が再来間隔の半分を過ぎていれば、だいたい数十%以上の値になります。

一方で、内陸型地震のように再来間隔が1000年以上と長い場合、評価期間が海溝型地震と同じ今後30年間とすると、aの部分面積は極め

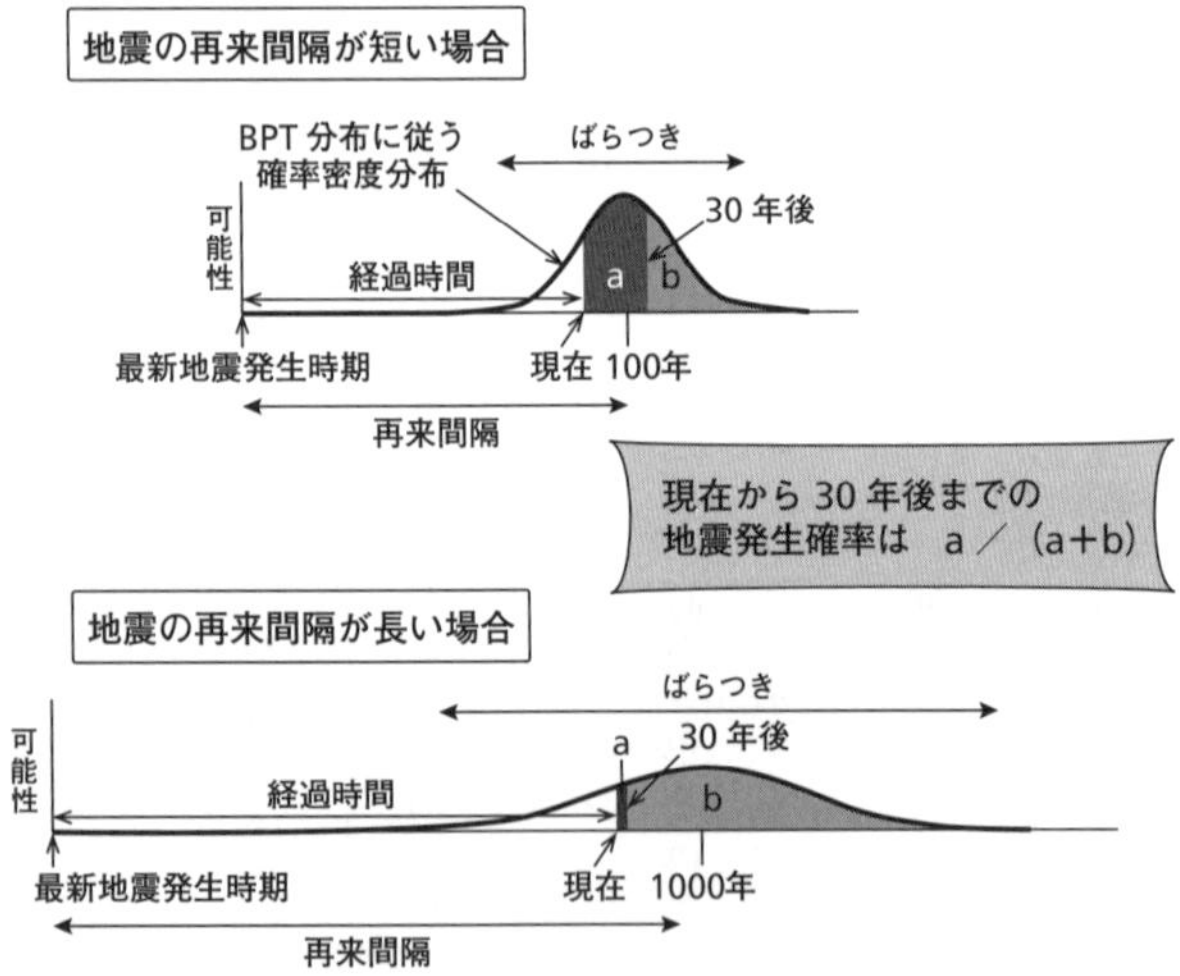

て小さく、確率値も数％以下となります（評価期間を長くすれば確率値は上がりますが、それでは我々の生活と関係なくなってしまいます）。

最終活動時期がわからない場合は、ある期間に起きた同じタイプの地震の回数で割り算して平均活動間隔を求め、30年間の確率を求めます。これは地震がランダムに発生すると仮定したもので、「ポアソン過程」と言います。確率値は一定で、時間が経っても変わりません。ちなみにＢＰＴ分布なら大地震の直後は歪エネルギーが解放されるので確率値は低下しますが、この方法では地震直後も一定の発生確率となるので、違和感が生じることもあります。

第8章
人為的に作られた地形

地形は自然の作用だけでできるわけではありません。特に近世以降の人類による地表の改変は著しく、それが自然のプロセスにも影響を与えています。ここでは人間が自然を改変して造り上げた地形の実態や、そのために発生した自然から人類へのリアクションについて見てみましょう。

八郎潟の干拓とその後

干拓地とは、干潟や遠浅の海、水深の浅い湖などを排水して干上がらせ、農耕などに利用できるようにした土地のことです。干拓地と言えばオランダが有名で、古くは11世紀ごろから干拓が始まったと言われています。オランダ名物の風車は15世紀以降、干拓地の水を海に排出するために使われていました。そのため、干拓では高度が海水準以下の土地が広くできます。オランダでは現在、国土面積の4分の1が海水面より低いところにあります。そのため高潮や津波に対する抵抗力が弱く、1953年1月31日から2月1日にかけて起きた北海での高潮（北海洪水）では各所で破堤や越流が起き、死者1836人、家屋全壊1万戸、水没1365㎢（農地の9％）という甚大な被害が出ました。

干拓地は海水を排出して陸を作るので、土壌の中には塩分が多く残されます。土壌中の塩分濃度が高いと農作物の生産には適しません。オランダでは17世紀にアムステルダムの近くに巨大なベームステル干拓地（面積72km^2、1999年に世界文化遺産に登録）が作られましたが、土壌の塩分が多いため農業は長続きせず、その後牧草地に変わりました。

日本での干拓は室町時代から干満の差の大きな有明海の周りの干潟で始まり、江戸時代以降、瀬戸内海周辺の干潟や日本海沿岸の潟湖で行われました。戦後は食糧難を乗り切るため、国の事業として各地で大規模干拓が行われました。その代表が秋田県八郎潟の干拓です。

八郎潟は、干拓される前は琵琶湖に次ぐ日本で第2位の湖水面積を持つ湖でした。かつては島だった男鹿の寒風山と本州との間を繋ぐ北と南の2つの砂州（トンボロ）ができ、その間に残された海跡湖だったのです。南側の砂州（天王砂丘）を横切る船越水道によって海と繋がり、塩水の混じった汽水湖となっていました。

干拓にあたっては、船越水道に防潮水門を設けて海水の浸入を止め、湖水を淡水化するとともに、湖の中に延長52kmの環状の干拓堤防を設け、その中を排水して旧湖水面積の80％に及ぶ海水面より低い陸地を作りました。周囲の水路は承水路《しょうすいろ》と調整池と呼ばれ、その水は干拓地の灌漑に使われました（図8－1）。

八郎潟の干拓工事は1957年（昭和32年）に始まり、1967年（昭和42年）に入植が始まりました。1戸あたり10haの農地が配分され、トラクターとコンバインを使う大規模な機械化農業が行われました。しかしこの間に日本の食料事情が大きく変わります。米余りによって1970年（昭和45年）から米の生産調整が行われることになったのです。八郎潟干拓地は国から指定される営農計画が、稲作から田畑の複合営農に変更され、農家の収入が減るため5haの農地が追加配分されて、1戸あたり15haの営農面積になりました。

しかし、営農計画では稲作と畑作の割合は半々と決められ、稲作を収益性の低い畑作に転換せねばならず、借入金を抱えた入植者は大きな打撃を受けます。そうした経緯から国と入植者の対立が深まり、営農計画以上の稲の作付けを強行する入植者に対して国は青田刈りを行うなど、大きな混乱が生じました。この混乱は平成の初めまで続きましたが、現在は農家の要望が取り入れられ、安定した農業が行われています。

干拓によって食糧の生産は増し、農民は広い土地を手に入れることができて生活は安定化しましたが、他方では湖の豊かな自然は失われました。干拓はそれまで存在していた生態系を破壊します。ですから干拓地だけでなく、その周辺の地域も大きな影響を受け、利

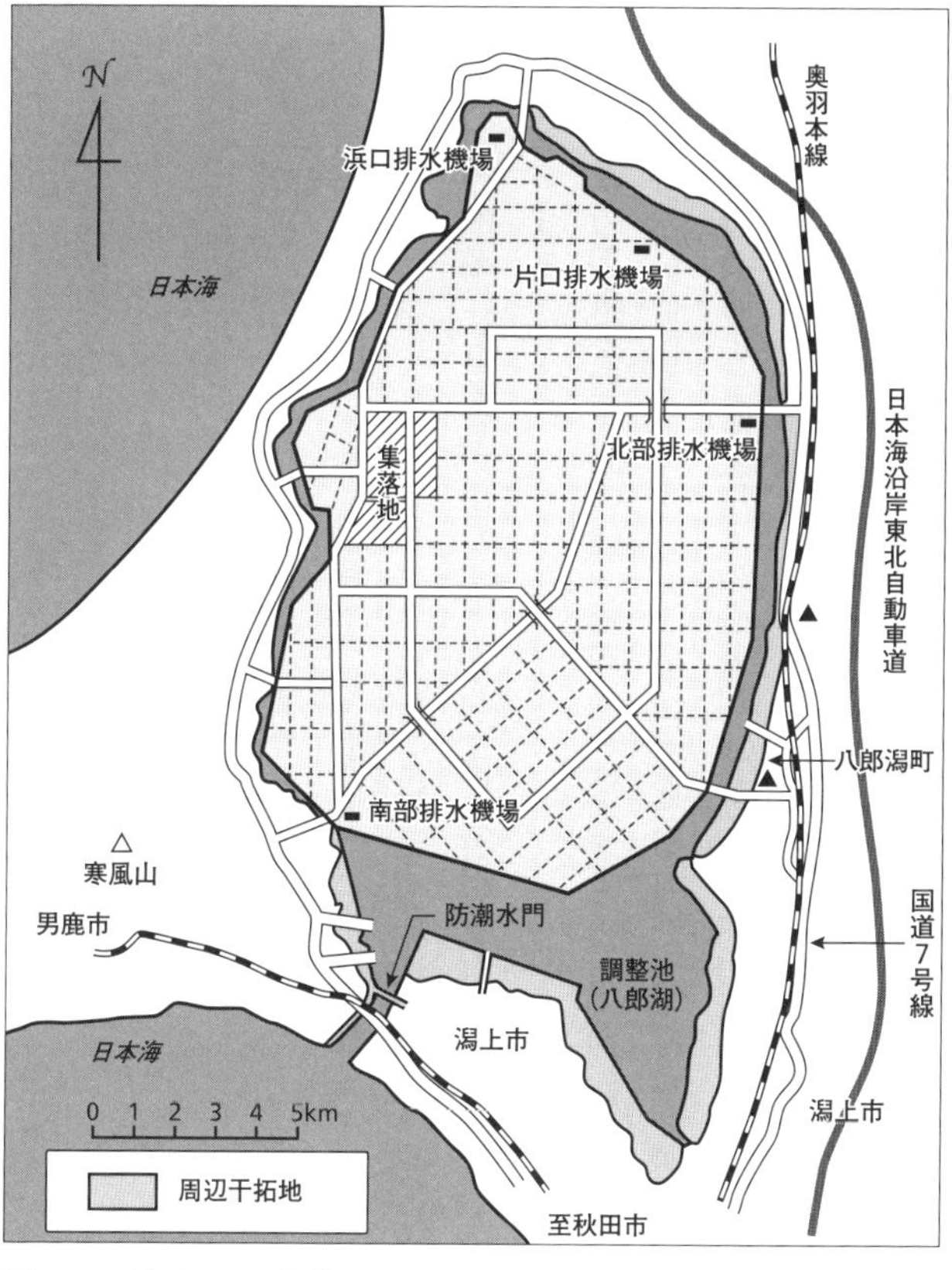

図8-1　干拓された八郎潟

害の対立で混乱が生じることがあります。それが顕著に現れたのが、有明海南西部の諫早《いさはや》湾締め切り堤防の水門開閉問題です。

諫早湾の干潟をめぐる長い戦い

諫早湾では、湾奥を干拓して農地と調整池を作るため、1997年（平成9年）に長さ7㎞の締め切り堤防（潮受け堤防）が作られました。これにより諫早湾の干潟が消滅することとなりました。2000年（平成12年）には有明海の海苔《のり》養殖が不作に見舞われ、有明海周辺の漁業にも影響が出たことから、漁業者により潮受け堤防の水門開放を求める提訴がなされます。

いくつかの下級審の判断の後、福岡高裁は漁業被害と水門閉鎖との因果関係を認め、水門の常時開放を命じました。一方、干拓を進める国や長崎県、諫早の農民は、洪水や塩害、高潮被害の防止、灌漑用水の必要性などから水門の常時開放に反対し、長崎地裁に水門開放差し止めの仮処分を求め、これが認められました。つまり、水門開放の可否をめぐり、裁判所によって司法の判断が分かれたのです。そして双方に命令を実施しない場合の制裁金（1日90万円）が課せられることになりました。

水門の閉鎖が続く中で、福岡高裁が出した和解案は双方に受け入れられず決裂しました。そして、2018年（平成30年）7月に福岡高裁は、水門開放を実施しない国や県に制裁金を課すことを認めた佐賀地裁の判決を取り消し、開放を求める漁業者側は逆転敗訴となりました。

このように干拓は、干拓地だけでなく周辺地域の環境までをも大きく変える可能性があるため、環境への配慮と産業・生活とのバランスを取ることが大きな課題となっています。

埋立地はなぜ液状化するのか

埋立地は土砂や廃棄物（ゴミ）で浅海や干潟を埋め立てたもので、土地は海水面より高くなります。東京湾の埋め立ては、江戸城の目の前にあった日比谷の入り江から始まり、駿河台の台地を切り崩した土砂を用いて進みました。江戸の町が大きくなってくると、廃棄物による埋め立ても行われました。明治以降も都市の廃棄物と海底を浚渫《しゅんせつ》した土砂による埋め立てが進行し、横浜、東京、千葉の沿岸はほぼ100％埋め立てによって人の手が加わった海岸となっています。

埋立地はかつての海岸線から何㎞も海側に進出し、住宅地や学校用地、公園、工場用地などになっています。私は時々、千葉市美浜区にある放送大学の本部校舎に行きますが、JR総武線の幕張駅から南に歩いて行くと、京成線の踏切と古い家屋の並ぶ道路を越えた辺りで、その先は緩い坂となって比高2mほどの高度差がついています。そこから南は標高2・3mの真っ平らな土地で、幅広い道路と緑に囲まれた学校や研究施設の集まった開けた地域です。

東京湾の埋立地分布（図8－2）を見ると、幕張の辺りには昭和40年代の埋立地が拡がっています。先ほどの坂の辺りが埋め立て前の海岸線の位置（旧汀線）で、その先の開けた地域が埋立地だったのです。町並みの様子は確かに違いますが、歩いていて見える周囲の景色からそこが埋立地だと気付くことはほとんどありません。

1872年（明治5年）に新橋－横浜間に鉄道が開通した時、用地の関係で品川付近は海岸沿いに線路が施設されたと言われています。しかし、現在の海岸線は線路より1・5㎞以上も東に位置しています。つまり、その間は埋立地なのですが、工場やオフィスビル、学校などがびっしり建てられていて、ここも埋立地と気付くことはほとんどないと思います。現在埋立地はすっかり都市の一部になっているのです。

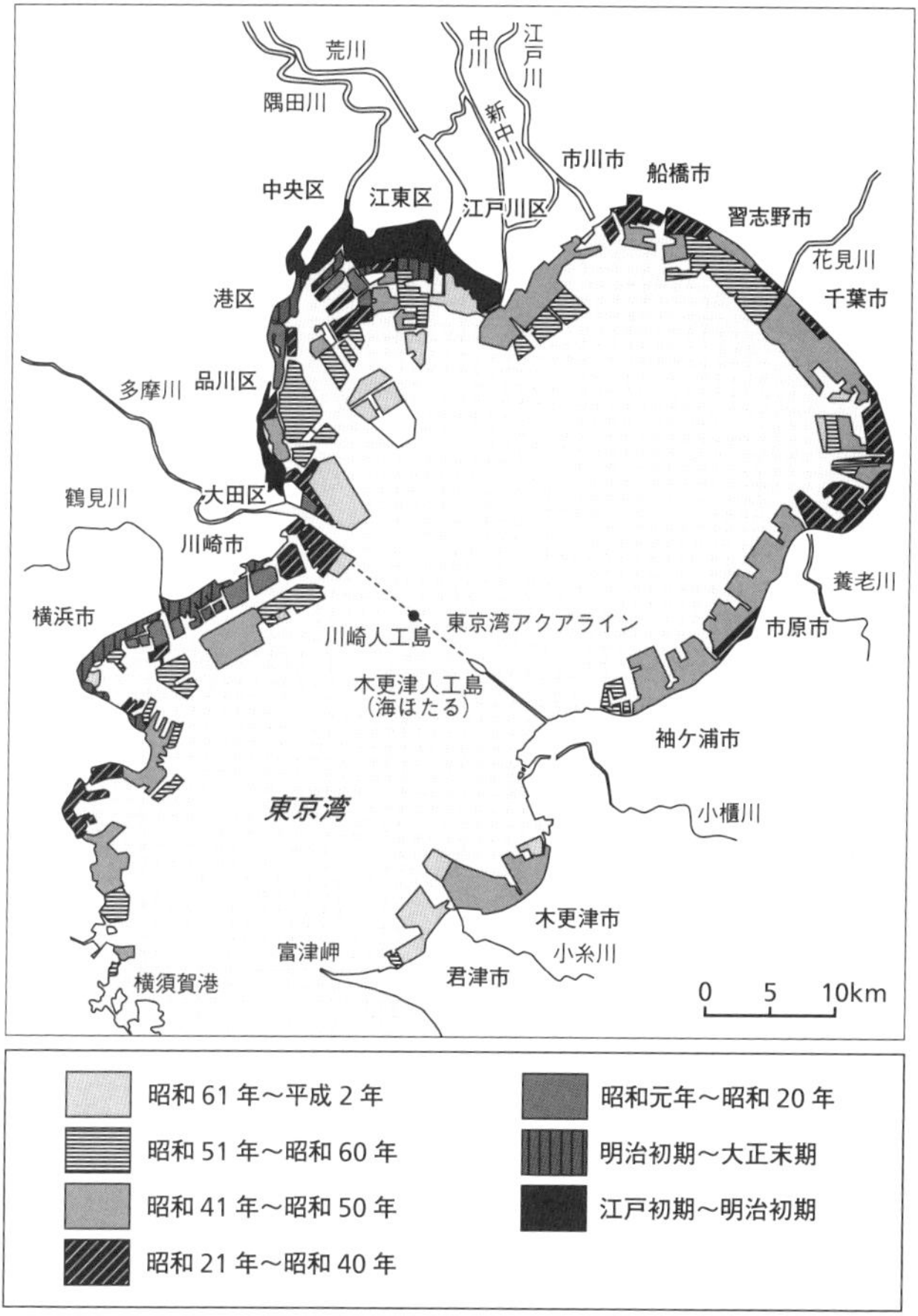

図8-2　東京湾の埋立地の進行状況

東京都沿岸を中心に江戸初期から埋め立ては始まり、以後東京湾を囲むように進展してきたただ、埋立地は地盤が軟弱で地下水位が高いため、地震時に液状化が起きる可能性があります。液状化は、未固結の地層（沖積層）が堆積しているところならどこでも起きる可能性があるので、埋立地だけの問題ではありませんが、埋立地に一戸建ての住宅開発が行われるようになったことで問題が顕在化しました。

液状化は地震の震動を受けて未固結の砂などの粒子間のすき間（間隙）が小さくなり、そこを充たしていた水の圧力（間隙水圧）が増加して粒子間の摩擦力が弱まり、その結果、砂が水のように流動して起こります。割れ目から砂と水が噴き出して、火山型の砂のマウンドができることもあります。液状化が起きると地面が割れたり、食い違ったり、移動したりして、家などの構造物や上下水道などの埋設物が壊損被害を受けます。直接液状化で人が死ぬようなことはありませんが、地割れによって家の土台が破断するなど、地震断層と同じような家屋被害が生じることがあります。

２０１１年の東北地方太平洋沖地震では、湾岸の埋立地のあちこちで液状化が発生し、住宅や道路、下水などに被害が出ました。液状化対策として地盤改良をしていたところは無事でしたが、未対策の個人住宅は破損から傾動までいろいろな被害が発生しました。今後も地震で揺れれば再び液状化が起きる可能性があるので地盤対策が必要ですが、個人住宅ではその費用を個人が負担せねばならず、対策はなかなか進んでいません。これから安全・安心に暮らしていくためには、土地の特性をよく知っておくことが重要です。

関西国際空港の地盤沈下

また、埋立地は標高が低いため、高潮や津波の被害も受けやすい土地です。この点は干拓地も同様です。埋立地を作る時はその点を考慮して、地盤高を高くしたり防潮壁を作ったりするなどの対策をとっています。しかし、陸から離れた人工島を作るような場合には、地盤沈下という難敵が現れます。

２０１８年（平成30年）９月４日、大型の台風21号が関西地方を直撃しました。この時、泉州沖５㎞の大阪湾の中に作られた関西国際空港では、高潮により第１ターミナルビルの１階とＡ滑走路に海水が浸入し、空港機能が停止しました。空港では地盤沈下が知られていたので、高潮対策がなかったとか、地盤の悪いところに作ったのが問題だったなどと非難されましたが、埋立地、特に人工島では沈下はやむを得ないことで、想定済みのことでした。

関西国際空港の土地は、層厚約25ｍの泥質の沖積層とその下の層厚１０００ｍ以上の砂層・泥層の互層からなる鮮新・更新統大阪層群の堆積盆地の中に、埋め立て方式で人工島を作ったものです。簡単に言えば、軟らかい泥層からなる海底に重い土砂を載せて埋め立てたのです。そうすれば必ず地盤沈下が起きます。泥層の中の水分が埋め立て土の荷重による圧力で絞り出されて、地層が収縮してしまうからです。

関西国際空港の場合、設計上約8mの地盤沈下が想定されました。そのため工事では、最初に沖積層を人工的に地盤沈下させてしまうことにしたのです。沈下を促進させるためにサンドドレーン工法が採られました。これは太い砂杭《すなぐい》（径40㎝、長さ25m）をたくさん入れて、そこから沖積層の水を強制的に排水するものです。1期島の工事では2・5m間隔で100万本の砂杭が入れられ、1987〜89年（昭和62〜平成元年）の間で約6mの沈下が起き、沖積層は地盤沈下しなくなりました。1991年（平成3年）から沈下分を埋め立て始めましたが、その下の大阪層群の砂泥互層は水抜きなどの対策ができないので、泥層部分が収縮してゆっくりと地盤沈下が続いていました。沈降量は年々減ってきて最近は1年に10㎝以下になっていました。沈降量が大きくなってくれば、盛土や防潮堤のかさ上げなどを行うのですが、2018年（平成30年）の高潮が異常に大きかったために施設の浸水という事態を招いてしまいました。ちなみに、1期島に隣接して作られた2期島はかさ上げ工事などが完了していたために、第2ターミナルビルとB滑走路は無事で、被災3日後の9月7日にはこれを使って航空機の発着が再開されました。

平坦化された丘陵地と災害

埋立地以外の人工造営地についても触れておきましょう。

私は学生のころ、多摩丘陵の地質を調査したことがあります。当時は多摩ニュータウンの造成工事が盛んに行われており、尾根が崩されたり尾根に深い溝が掘られたりして、丘陵を作る地層や火山灰層の層序があちこちで観察できました。大露頭が作られて、丘陵地の上から下までの全層が1か所で観察できる場所もありました。

しかし、びっくりしたのは造成終了後でした。元の地形とほとんど関係なく、都市計画に基づいて平坦な住宅地や道路が作られていたのです。工事中に見た露頭も草に覆われているのではなく、切られたり埋められたりして存在しませんでした。丘陵の高まりを大幅に削り、谷を埋めて平坦化を行って、さらに新たに道を作るために切り盛りをしたわけです。

地形が全く作り直されていて、元の姿を知ることができなくなっていました。

多摩ニュータウンなど、それまでの開発で取り残されていた全国の丘陵地では、このような大規模土地改変が各地で行われました。我々地形・地質を研究する者にとっては地面を掘り返すことは情報がたくさん得られて都合が良いのですが、一方で自然が壊され、生態系が失われていくことは残念で悲しくてなりません。

私が勤めていた首都大学東京（東京都立大学）は、1991年（平成2年）に都内の目黒区・世田谷区の台地から多摩ニュータウンの八王子市南大沢に移転しました。大学キャンパスの門は駅の前にありますが、大学の敷地は東西方向に細長く延びていて、自分の研究室があった理学部の校舎までは大学構内を10分以上歩かねばなりませんでした。多摩丘陵は多摩川の支流河川が谷を深く刻み込んで大きな尾根が東西方向に発達しており、その上を切り盛りして平坦化し、そこに大学を作ったからでした。大学の南側には急傾斜で小さな谷に刻まれた元の丘陵斜面が公園として残されていますが、平坦化された尾根の上や住宅地となった北側斜面と見比べると、人間の力が地形を全く変えてしまっていることが実感できます。

人工的に造成された平坦地はいろいろな対策が施されているために災害に強いのですが、時々自然からしっぺ返しを受けます。それは、平坦化のために昔の谷を埋めた場所と尾根を切り取った場所が隣接しているため、新しい造成地では地震や豪雨の時に埋め立てた部分だけが沈下したり移動したり、最悪の場合には崩壊して低い方に抜けてしまうことがあります。平坦化されていても現在の地図と造成前の古い地図とを比較すれば、盛土地であるかどうかや埋土の厚さの判断はできますが、高精度の地図情報が必要なので、専門家以外には難しいかも知れません。

海岸侵食と砂防ダム

日本では最近とみに海岸侵食が拡大しています。数年前には房総半島や鹿島灘の海岸で、浸食によって砂浜の砂が削り取られ、夏に海水浴場が開けないなどの事態が発生しました。地球温暖化が原因だとも言われましたが、それは正確ではありません。

海岸、特に砂浜海岸の海岸線（波打ち際の位置）は、波浪による砂や礫の堆積と浸食とのバランスでその位置が保たれています。単純に考えれば、海水準や波の作用が一定で、砂礫の供給が多ければ海岸線は海側に前進し、供給が減れば浸食によって海岸線は陸側に後退します。現在の海水準高度の変化はあまり顕著ではないので、砂浜海岸の海岸線が後退したのは、砂礫の供給の減少によってバランスが崩れたためと思われます。

砂浜海岸の砂礫は、岬のように海に突き出した部分が削られてもたらされるものもありますが、大部分は山地から海に注ぐ河川によって供給されています。しかし、この供給を止めてしまう人工造営物があります。ダムです。

戦後、日本各地の大河川では、水資源開発、電力開発、洪水防御、農業用水確保など、さまざまな目的でダムが作られました。ダムは水を貯めますが、同時に水によって運ばれてくる砂礫も貯留します。水はダムから下流に流れ出ますが、砂礫はダムを埋めるだけで下流へは流れていきません。そのため下流部では砂礫の堆積と浸食のバランスが崩れて、河床を低下させます。すると橋梁《きょうりょう》など河川内の構造物の根元の土砂が削り取られる「洗掘」という現象が起こります。これは構造物を不安定にするので、洪水などの際橋が押し流される事態に繋がります。実際、1982年（昭和57年）8月、台風10号による静岡県富士川の増水で、東海道本線の富士―富士川間にあった富士川鉄橋の下り線の一部が押し流されました。

河川の河床低下は同時に海への砂礫供給量の減少を示します。海に供給された砂礫（主に砂）は沿岸流によって砂浜海岸に到達し堆積しますが、同時に沿岸流は砂浜海岸から砂を取り去ります。砂浜海岸はこの砂の供給と浸食のバランス（釣り合い）で海岸線の位置

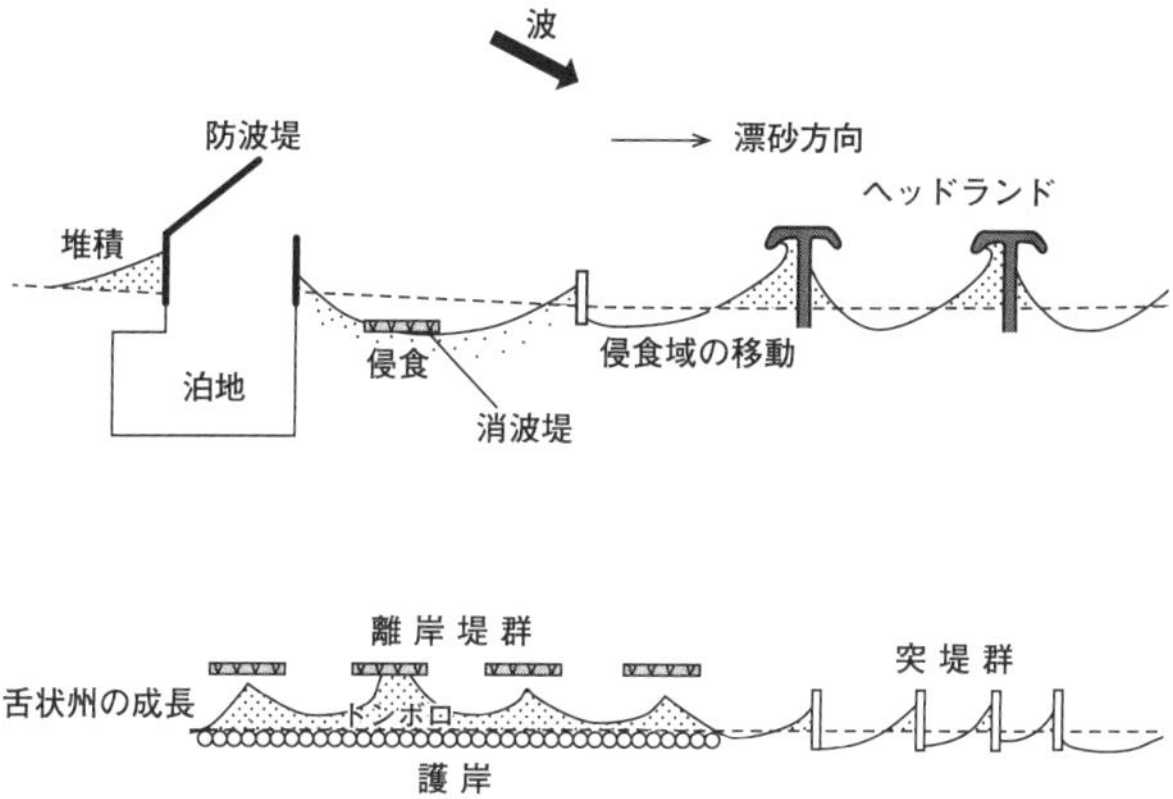

図8-3　海岸の侵食防止施策

が保たれており、供給量が減れば侵食量が増えて海岸の砂が取り去られ、結果として海岸線が内陸へ移動します。これが日本各地で起きている海岸侵食の原理と原因です。15年間に全国で２４００ha（年平均１６０ha）の海岸の土地が失われたと言われています。

砂浜海岸の砂が削られて海が陸に近づくと、居住地域との間を区切る沿岸の護岸に強い波が当たってその強度を低下させ、暴浪時に壊れることもあります。砂浜海岸の砂が削られることで、高波や津波に対する防御力が奪われるのです。海岸侵食は海岸の砂が減るだけでなく、沿岸域に住む人々の生活を脅かす重大な脅威なのです。

このため日本の海岸には浸食を防ぐためのさ

まざまな対策が採られてきました。波の力を弱めて護岸を守るため、海岸の護岸の下の至るところにテトラポットが並べられています。また、浸食を防ぐために海岸線と直交する方向に多数の突堤を作って砂の移動を止める方法や、海岸線から少し離れた海の中に海岸線と平行に短い堤（離岸堤）を作り、沿汀流《えんてい》（波による海岸沿いの水の流れ）によってトンボロを作って砂の動きを止めるといった方法も採られています（図8－3）。これらは対処療法で、根本的には河川から海に運ばれる土砂の量を増やす必要がありますが、山地や河川流域の防災やダムの維持を考えると簡単にできることではありません。ここでも人為による自然改変と自然からのリアクションが問題で、それをどうバランス良く解決するかが問われています。

新たな環境破壊

原子力発電所の事故以来、日本では火力発電がその代替をしています。しかし、地球温暖化などを考えると安易に化石エネルギーに頼ることは危険です。また、海外から燃料を輸入しなければならないため、その購入に対し大きなコストを強いられます。そのため安全な再生可能エネルギーの導入が望まれていますが、実際には代替となるにはまだまだ不十分です。

　とはいえ、太陽光発電は買い取り価格が高めに設定されているため、風力発電などと比べて驚異的に拡大しています。太陽光発電の施設の多くは休耕農地やゴルフ場・採石場跡地など、あまり利用されていない平坦な遊休地に作られることが多いのですが、それでは用地が確保しにくいので、斜面を削って平坦地を造成し、施設が建設されるケースも増えています。

　そんな中、地形の役割を理解しないまま無秩序に施設を建設した結果、大きな災害を呼び起こしたケースもありました。２０１５年（平成27年）に茨城県常総市の鬼怒川で起きた破堤による洪水です。９月９日から11日の関東・東北豪雨によって、関東平野北部を流れる鬼怒川が常総市内で決壊した結果、死者２人、重軽傷者44人、全壊家屋53棟、大規模半壊１５７５棟、半壊３４７５棟、そのほか床上浸水１４００棟、床下浸水３０７２棟という大災害が引き起こされました。市役所をはじめとして市内の３分の１、40km²が浸水し、停電、断水、交通遮断、長期にわたる湛水《たんすい》で、市民の生活は大きく混乱しました。

　この災害では、市内三坂町地先での鬼怒川左岸の破堤（10日の12時50分ごろに発生）が注目されました。しかし実は10日の朝６時ごろ、つまり破堤の７時間前に三坂町の上流６km

の鬼怒川左岸若宮戸で溢水《いっすい》（河川から水があふれ出ること）が発生して、常総市北部に洪水流が流れ込んでいたのです。市はこの対応に手間取り、市内南部では避難警報が発令されないうちに、破堤による洪水被害を受けました。

この溢水は鬼怒川の堤防のない区間で発生しました。堤防がなかったのは、自然堤防の上に河畔砂丘が載った高まりがあって、それが洪水を防ぐ役割をしていたからです。ところがソーラーパネル敷設のためこの高まりが削り取られて低くなっていたため、そこから洪水流が市内にあふれ出ました。

ソーラーパネル敷設がけしからんと言っているのではありません。こうしたことはソーラーパネル施設に限らず、多くの人的な行為・工作物の設置などの際にも見られます。自然のメカニズムや、その結果としての地形・地質の役割を理解しないままに無理に自然を改変しようとすれば、必ずそのしっぺ返しを受けることになるのです。

このことはかなり前から指摘されていました。現在多くの人が生活している平野はもともと洪水を受ける地域であり、そのため我々の祖先は多くの努力を重ねて自然と共生する道を探ってきました。その過程で、多くの経験を通じて自然のメカニズムや地形・地質の特性を知り、それを考慮することで被害を最小限に食い止めながら、生活の範囲を広げていったのです。

ところが、現在はそのようなことはすっかり忘れられています。人々は地形・地質に無関心になり、狭い視野での力任せの自然改変が横行し、その結果、自らの生活を危険にさらしています。常総市の水害発生の経過を見て、今更ながら地形・地質の成り立ちを知ることの意義と重要性を強く感じました。

図版出典・参考文献

◆図版出典

第1章

図1－1　世界のプレート分布（山崎晴雄、2003）
図1－2　プレート縁辺の3境界（新版）
図1－3　島弧が弧状になる原因（新版）
図1－4　島弧―海溝系の地形配列（新版）
図1－5　日本列島下のプレート配置（新版）
図1－6　伊豆バーの上の火山地塊の多重衝突（天野一男・松原典孝・田切美智夫，2007を改変）
図1－7　日本列島の地質構造　西南日本では基盤が広く露出しているが、東北日本では新第三系が基盤を覆って広く分布している（新版）
図1－8　日本海の開裂以前の日本列島　当時の海溝・沈み込み境界は現在よりずっと西側に位置していた（鎮西・松田、2010）
図1－9　日本海拡大直後の日本列島　2つのブロックがそれぞれ回転移動して日本列島が形成されていった（高橋、2008）

表1　日本周辺の島孤―海溝系（新版）
表2　中世代～新生代の地質時代区分（新版）

第2章

図2－1　ハワイと天皇海山列（酒井治孝、2003）
図2－2　ホットスポットと海山列の関係　死んだ火山はやがて海中に沈んでいく（酒井治孝、2003）
図2－3　静岡県御殿場市の演習場近くで見られた宝永スコリア（最上部の厚い地層）と埋没した畑の畝（黒色帯の上の波形）　その下には平安時代に降下したスコリア層とそれに覆われる土壌層が見える（著者撮影）
図2－4　富士山御殿場付近の2900年前以前の東西断面（宮地、2007）
図2－5　富士山とその周辺の衛星写真図
図2－6　3枚のプレートと火山フロント　太平洋プレートの沈み込みによって形成された火山フロントは、伊豆諸島から奥羽山脈まで続いている（山崎晴雄、2015）

第3章

図3－1　段丘の形成とそれを覆うローム層　水の流れる川には火山灰は堆積しないが、段丘化すると堆積が始まる。古い段丘の上にも火山灰は堆積するので、火山灰（ローム層）の層は古い地形面ほど厚くなる（町田洋、1977）
図3－2　プリニー式噴火（左）と噴煙柱が倒れ火砕流が噴出する様子（右）（町田洋・新井房夫、

1992)
図3－3　立川断層位置図（山崎晴雄、1978）
図3－4　東京都羽村市にあった砂利採取場の露頭　当時は産廃処理場になっていた（著者撮影）

第4章

図4－1　三陸地方のリアス海岸（新版）
図4－2　リアス海岸の語源となったスペイン北西部ガリシア地方の地形（新版）
図4－3　氷期の大陸氷床分布　氷期には北半球に巨大な氷床が2つ形成された（新版）
図4－4　氷河の消長による海水準（海面高度）の変化を表す図　氷期と間氷期では海の高さが100m以上変化する（Chappell, 1994）
図4－5　紀伊半島東部のリアス海岸　（国土地理院1／20万地勢図［伊勢］に加筆）　太線部が分水嶺。北側は宮川の広い流域で、宮川は伊勢湾側に伊勢平野を拡げている（山崎晴雄、2015）
図4－6　リアス海岸に認められる砂州やトンボロ　やがて湾は埋められていく（国土地理院1／2.5万地形図［相賀浦］（上）および［贄浦］（下））
図4－7　東北日本沿岸の12万5000年前の海成段丘の高度分布　30～50mのところが多い（小池・町田、2001を改変）
図4－8　霞ヶ浦とその周辺の地図（新版）
図4－9　九十九里浜の地図（新版）
図4－10　九十九里浜の地形分類図　Ⅰ→Ⅱ→Ⅲと、徐々に砂堤が広がっていることがわかる（森脇

広、1979を改変）

第5章

図5－1　氷期の日本の古地理図と海峡　町田洋（2010）に加筆
図5－2　瀬戸内海の海底地形　瀬戸内海は水深が60mより浅い海底で占められている（八島邦夫、1994）
図5－3　東京湾の海底地形（貝塚爽平、1979）
図5－4　海面高度の変化曲線　海進または海退のピーク前後に海沿いの平坦面は形成される（山崎晴雄、2016）
図5－5　国連海洋法条約によって定められた領海などの範囲　（外務省資料（2018）国連海洋法条約と日本　https://www.mofa.go.jp/mofaj/files/000243495.pdf）

第6章

図6－1　扇状地、自然堤防帯、三角州の地形（貝塚爽平、1977）
図6－2　関東平野の地形分類図（貝塚爽平、1958）
図6－3　関東平野の第四紀後期の沈降運動（貝塚爽平、1987を改変）
図6－4　武蔵野台地の地形分類図と玉川上水の流路位置（貝塚爽平、1992に加筆）
図6－5　武蔵野台地の段丘勾配と玉川上水（山崎、2015）

第7章

図7－1　日本周辺の被害地震の震源分布（東京書籍『地学ⅠB』教科書に加筆、修正）
図7－2　地震発生層と震源断層、地震断層の関係（新版）
図7－3　淡路島の活断層と地震断層（上図）、淡路島の東西断面図（下図）断層は繰り返し動いて地形の高度差を作る（山崎晴雄、2015）
図7－4　国立市青柳付近の立川段丘群の分布と立川断層（国土地理院1／2・5万都市圏活断層図「青梅」）
図7－5　日本の平野・盆地を作る活断層　活断層は日本の大きな平野や盆地の縁を限っており、その形成に大きく関与している（200万分の1活断層図編纂ワーキンググループ、2000）
コラム❷　地震発生確率の求め方（山崎晴雄　原図）

第8章

図8－1　干拓された八郎潟（大潟村HPをもとに作成）
図8－2　東京湾の埋立地の進行状況（遠藤　毅、2008）
図8－3　海岸の侵食防止施策（小池一之、1997を改変）

◆**参考文献**（図引用の文献以外の文献も入っています）

・天野一男・松原典孝・田切美智夫（2007）富士山の基盤：丹沢山地の地質―付加した古海洋性島孤―富士火山：荒牧重雄、藤井敏嗣、中田節也、宮地直道編集、山梨県環境科学研究所、59－68
・藤岡換太郎（2018）『フォッサマグナ――日本列島を分断する巨大地溝の正体』講談社ブルーバックスB2067、236p.
・Isozaki, Y. (1996) Anatomy and genesis of a subduction-related orogeny : a new view geotectonic subdivision and evolution of the Japanese Islands. The Island Arc, 5, 289-320
・鎮西清高・松田時彦（2010）1－1　日本列島と周辺海域の大地形と地質構造　太田陽子・小池一之・鎮西清高・野上道男・町田　洋・松田時彦 著『日本列島の地形学』東京大学出版会、2－13
・高橋雅紀（2008）　1・4新第三系研究の進展　日本地質学会編日本地方地質誌　3関東地方、朝倉書店、16－61.
・町田洋・新井房夫（1992）『火山灰アトラス』東京大学出版会、276p.
・小池一之（1997）『海岸線とつきあう』岩波書店、95p.
・貝塚爽平（1958）『関東平野の地形発達史』地理学評論、31.59-85
・貝塚爽平（1977）『日本の地形――特質と由来』岩波新書、234p.
・貝塚爽平（1979）『東京の自然史（増補第二版）』紀伊国屋書店、239p.
・貝塚爽平（1987）「関東の第四紀地殻変動」地学雑誌、96,51-68p.
・貝塚爽平（1992）『平野と海岸を読む――自然景観の読みかた5』岩波書店、142p.
・外務省（2018）国連海洋法条約と日本　https://www.mofa.go.jp/mofaj/files/000243495.pdf

・Chappell, J.（1994）Upper Quaternary sea level, coral terraces, oxygen isotopes and deep-sea temperatures. Jour. Geography（地学雑誌）、103, 828-840.（図３－４）
・池田安隆・岡田真介・田力正好（２０１２）「東北日本島孤―海溝系における長期的歪蓄積過程と超巨大歪開放イベント」地質学雑誌、118,294-312.
・小池一之・町田洋編（２００１）『日本の海成段丘アトラス』東京大学出版会、122p.（図３－７）
・松原彰子（２００６）『自然地理学』　慶應義塾大学出版会、176p.
・森脇　広（１９７９）「九十九里海岸平野の地形発達史　第四紀研究」18、１－16.（図３－11）
・Nishimura, T.（2014）Pre-, co-, and post-seismic deformation of the 2011 Tohoku-oki earthquake and its implication to a paradox in short-term and long-term deformation. Jour. Disaster Research, 9, 294-302.
・丹羽雄一（２０１９）「三陸海岸における地震サイクル解明に向けた地形・地質研究の現状と課題　第四紀研究」、58,3-11.（図３－８）
・文部科学省・東京大学地震研究所（２０１５）「立川断層帯における重点的な調査観測　平成24－26年度成果報告書」
・https://www.jishin.go.jp/main/chousakenkyuu/tachikawa_juten/h24_26/index.html
・東京大学地震研究所（２０１３）平成24年度立川断層帯トレンチ調査「榎《えのき》トレンチ」の調査結果について　https://www.eri.u-tokyo.ac.jp/project/tachikawa/houkokusho.html
・貝塚爽平・小池一之・遠藤邦彦・山崎晴雄・鈴木毅彦編（２０００）『関東・伊豆小笠原　日本の地形４』

東京大学出版会、349p.
・松山洋ほか4名著『自然地理学』ミネルヴァ書房、241-255p. 三浦英樹（2014）「13章 土壌学と土壌地理学の応用」
・田村糸子・高木秀雄・山崎晴雄（2010）「南関東に分布する2.5 Maの広域テフラ――丹沢――ざくろ石軽石層」、地質学雑誌、116,7,360-373.
・町田洋・大場忠道・小野昭・山崎晴雄・河村善也・百原新 編著『第四紀学』朝倉書店、p.40-75. 山崎晴雄（2003）「3．地殻の変動――第四紀地殻変動の特質と由来」
・山崎晴雄（2006）「関東平野の地震地質」月刊地球、28,8 - 16
・山崎晴雄（1978）立川断層とその第四紀後期の運動 第四紀研究、16,231-246.
・山崎晴雄（2016）高レベル放射性廃棄物処分のための地殻活動性評価 地盤工学会誌, 63,6, 32-35.
・山崎晴雄（2015）『NHKカルチャーラジオ 科学と人間 富士山はどうしてそこにあるのか――日本列島の成り立ち』NHK出版、159p.
・町田 洋（1977）『火山灰は語る』蒼樹書房
・町田 洋（2010） 3・1気候変化を受けた地形、太田陽子ほか、2010：『日本列島の地形学』東大出版会 100-113.
・八島邦夫（1994）瀬戸内海の海釜地形に関する研究、水路部研究報告、30,237-327.
・200万分の1活断層図編纂ワーキンググループ（2000）活断層研究19号添付地図.

おわりに

私は１９７４年に卒業論文を書いて以来、45年にわたって、地形発達史を軸にいろいろな課題について野外調査によるデータ収集をもとに調査・研究を行ってきました。同じ地形・地質学に関する研究でも、現存するものを詳しく観察・測定・記載していく、どちらかと言えば物理・化学的な分野と、地形発達史のように現在を手がかりとしながらも、もう存在しない過去の地形や地殻の運動を解明しようとする、どちらかと言えば歴史的な分野とでは、だいぶ様子が異なります。犯罪捜査で言えば、ＤＮＡ鑑定で犯人を特定する方法と、名探偵がいろいろな証拠から推理によって犯人を特定する方法のようなものです。

地形発達史がおもしろいのは、推理小説と似ているからです。それには必ず、推理や推測が入り、不確実性が存在します。推理小説なら最後に犯人の告白があって真実が明らかになりますが、歴史的なものはそうはいきません。生き証人がいないので、可能性としてはいろいろなことが残ってしまうのです。地形発達史では、その中の証拠の多いものになど、最もありそうなことを述べています。だから、証拠やデータは少数ではなく多数必要になります。ごくわずかのデータで無理に結論を出そうとすれば、探偵の引き立て役として出てくる迷警部のように、後で大恥をかくことになります。

本書の中では、過去の歴史や作用について確定的な書き方をしたところも多々あります。しかし、私が読者の皆さまに知っていただきたいことは、確定的に書いたことも、あくまで一つの可能性であるということ、可能性は高いけれども多様な考えの一つであるということです。時間が経てば新しい証拠が出てきて、否定されてしまうことも出てくるでしょう。確定的に書いたところは、私が強く信じているところですが、それはあくまでも私の考え（こだわり）であり、ほかの考え方もあることは十分に承知しています（本書で東北日本を「北米プレート」ではなく「ユーラシアプレート」と言っているのもそういうことです）。

最近、いろいろな報告書で「可能性を否定できなければ云々」という記述を目にしますが、地形発達史で扱う現象については、この言葉は全く意味を持ちません。地形・地質学は推測や可能性の上に成り立っている解釈の科学だからです。全ての可能性を否定できることはあり得ません。このような点を心に留めて、地学に関するいろいろな話を聞いていただければと思います。

もう一つ私が強調したかったのは、自然には必ず恩恵と厄災の二面性があること、そして自然への人間の働きかけに対しては、必ず自然からのリアクションがあるということです。自然＝神と考えていたはるか昔から「触らぬ神に祟《たた》りなし」という言葉があるのは、自然からのリアクションのことを言っているのです。しかし、現代の我々は地下から掘り出した化石燃料を使い、土地を改変して生活の場を造っているのですから、自然に触れないわけにはいきません。だからリアクションや厄災をできるだけ小さくするような、自然とのバランスを取った生き方が重要になります。そのために、多くの方に地形・地質などの自然に興味を持っていただきたいと思います。本書がその一助になれば幸いです。

本書執筆には私の研究者生活を通じて知り合った多くの方々にお世話になりました。個別にお名前を挙げることはできませんが、心より御礼申し上げます。また出版にあたって遅筆の著者に終始激励を続けていただいたＮＨＫ出版の田中遼氏、出版のきっかけを与えていただいた佐伯史織氏、本書の土台となった「ＮＨＫカルチャーラジオ」ガイドブック出版時の編集担当・高森静香氏には感謝の気持ちで一杯です。ありがとうございました。

２０１９年（平成31年）４月

山崎晴雄

山崎晴雄 やまざき・はるお
1951年東京都生まれ。
東京都立大学大学院理学研究科修士課程修了。理学博士。
専門は地形学・第四紀学、地震地質学。
通産省工業技術院地質調査所、首都大学東京教授を経て、
現在同大名誉教授。(株)ダイヤコンサルタント顧問、放送大学客員教授。
著書に『NHKカルチャーラジオ 科学と人間
富士山はどうしてそこにあるのか——日本列島の成り立ち』(NHK出版)、
共著書に『活断層とは何か』(東京大学出版会)
『日本列島100万年史——大地に刻まれた壮大な物語』
(講談社ブルーバックス)などがある。

NHK出版新書 584

富士山はどうしてそこにあるのか
地形から見る日本列島史

2019年5月10日 第1刷発行

著者 山崎晴雄 ©2019 Yamazaki Haruo
発行者 森永公紀
発行所 NHK出版
〒150-8081東京都渋谷区宇田川町41-1
電話 (0570) 002-247 (編集) (0570) 000-321(注文)
http://www.nhk-book.co.jp (ホームページ)
振替 00110-1-49701

ブックデザイン albireo
印刷 壮光舎印刷・近代美術
製本 二葉製本

Printed in Japan ISBN978-4-14-088584-0 C0244